京都菓道家の法式甜點筆記

津田陽子

瑞昇文化

前言

我從法國學習甜點歸國後，1990年在京都郊區開設了小型法式甜點沙龍「Midi Après-midi」。當時店內推出的是依教科書製作的海綿蛋糕，上面裝飾著大量鮮奶油的鮮奶油蛋糕，不過有一次母親跟我說，蛋糕若是捲起來像京都的點心那樣用手拿著吃如何？以海綿蛋糕捲包鮮奶油，拿著享用的同時，手也能感受蛋糕的彈性，那份悠閒感似乎能傳到人的內心深處。我發覺京都的甜點沙龍，和手拿甜點享用的情景非常搭調。

我不是用白砂糖，而是使用日本傳統的上白糖製作，舒芙蕾蛋糕體從在烤箱裡烘烤開始，就散發出難以言喻的甜美芳香。

說到蛋糕捲，當時的產品幾乎都是海綿蛋糕的白色面朝外捲包，可是我對蛋糕的外觀費了一番工夫，大膽將褐色烘烤面朝外捲包讓人看見，還採用能營造獨特香味的上白糖。

這樣創造出的「花神」蛋糕捲，不只適合搭配咖啡和紅茶，也能搭配煎茶或焙茶（Hojicha），也因此花神成為Midi Après-midi的代表性甜點，深受大眾的喜愛。

Midi Après-midi使用蛋、砂糖、麵粉和奶油這四種基本素材，產品不加任何延長保存期限的添加物，非常的單純。但是，大部分基本材料的配方都不「普通」，或許經驗老到的甜點師傅，會認為我的作法是旁門左道也說不定。

而且，我的混合方法也需要獨特的技巧。例如打發蛋白時，如果一開始就加砂糖會較難打發，所以一般製作甜點時，都是將蛋白打至八分發再加砂糖。但是，我製作花神蛋糕捲的麵糊時，在蛋白中差不多加入所有砂糖後才開始打發。這麼做的目的是為了儘量保留蛋白中的水分，而且藉助砂糖之力，讓蛋白中的氣泡穩定結合。

這樣完成的蛋白霜與其說膨軟，倒不如說更顯得濕潤。蛋白霜的外觀也很光滑，讓人連想到這無疑是花神蛋糕捲烤好後的光澤。若不用這種方法製作蛋白霜，絕對做不出花神。

四種素材採取何種順序、如何融合的過程，我不稱之為混合，而以「結合」來形容。我在小工作室裡，一面改變四種素材的溫度、分量和混合方式，一面反覆不斷嘗試，最後，不論是戚風蛋糕、方塊蛋糕（pavé）、塔或餅乾，都完成符合我理想的配方。

戚風蛋糕一般是用普通的沙拉油製作，但我的配方不用沙拉油，蛋糕完成後充滿奶油的味道。奶油與蛋完美結合的我的蛋糕，若用手拿著吃，我想你便能充分體會它特別的濕潤感。

我也費了一番功夫去除硬又乾巴巴的塔皮「邊緣」，讓塔變成簡直就像日常所吃的日式點心般的柔和口感

Midi Après-midi的個性甜點，是以津田陽子獨到的科學觀創作而成，因此，我希望它們能讓人感受到日式西點的芳香、味道和氛圍。

自從我在京都開業後，至今經歷了各式各樣的挑戰，但不論何時，我心中不變的願望是，將製作甜點的快樂「傳遞」給下一代。

在傳遞的信念下，藉著Midi Après-midi甜點教室的持續開辦，如今，我有許多學生活躍於全國各地。如同教室稱為「菓道教室」一樣，或許也是因為我在京都出生，在京都成長的緣故吧。我希望將自己的獨特配方及研發出的作業模式，就像茶道或花道的流派般傳遞給更多的人。

基於這樣的想法，我選出有自我風格的新甜點，並更新了食譜，完成了《Midi Après-midi的甜點》這本書。

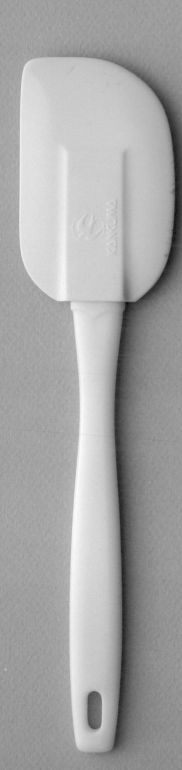

Midi Après-midi的甜點　食譜集　

★本書使用的計量單位，
　1大匙＝15ml、1小匙＝5ml。

★奶油、發酵奶油全使用無鹽奶油（不添加食鹽），
　蛋使用約65g的L大小。

★烤箱需事先加熱至指定溫度備用。
　根據不同的機種，標示的溫度和烘烤時間也多少有異，
　請將標示的溫度和時間作為基準。

Midi Après-midi的盒裝甜點

現在，Midi Après-midi的甜點配方和作法雖然已經固定，然而這些產品並非最初就已完成。我以Midi Après-midi具有代表性，裝在紙盒裡的「盒裝甜點」為例，連同包裝創意一起為各位介紹它的演變。

花神蛋糕捲

「花神蛋糕捲」從24年前開始製作以來，舒芙蕾蛋糕的芳香烤色面就是朝外捲包。蛋糕裡我當初是塗抹用大致等量的巧克力和鮮奶油混成的濃味鮮奶油內餡，不過，現在包入的甘納許內餡，鮮奶油量遠比白巧克力多。麵糊中蛋的分量相當多，只用極少量的低筋麵粉，按照常理這樣的配方無法混成麵糊。但是，經過我費心研究結合方法後，烤出的蛋糕一如我理想中的「日式點心」，具有輕軟、柔和的口感。利用泡過熱水擦乾水分的刀子，能夠整齊地分切蛋糕。花神蛋糕捲的長度約23cm，大小剛好可分切8等份。用手拿取一塊享用，順口的喉韻能傳達點心時間的幸福感。

迷你花神

將花神相同大小的烤盤烤的舒芙蕾蛋糕體分成2等份,鮮奶油也分成2等份,用它們捲包成的小型蛋糕捲即為迷你花神。我思考能輕鬆攜帶,適合作為拌手禮用的蛋糕捲,因此創作出迷你花神。這個蛋糕並非經常置於店頭販售,現在大部分的商品也是希望拿到有人潮的地方販售,或是事先預訂才有製作。迷你花神分成9個裝、16個裝和25個裝(圖)等,全都用讓人連想到多層木盒的正方形紙盒包裝。開蓋的瞬間,看到盒中整齊排列小蛋糕,我想光這樣就能讓人感到開心吧!同時我留意到讓色彩和味道保持平衡,有的蛋糕朝內捲,有的朝外捲,豐富多彩地放在盒裡。在家裡,你也可以裝在多層木盒中擺在桌上等處,享受展示的趣味。

方塊蛋糕

Midi Après-midi的烘烤類奶油蛋糕都稱為「蛋糕」。我的蛋糕的特色,不是在烤好的蛋糕中滲入糖漿,讓它變得「濕潤」,而是將奶油和蛋以獨特的方式結合,讓蛋糕呈現驚人的濕潤度。以禮盒包裝的這個「方塊蛋糕」,映照出茶寮(譯註:日本為進行茶道而設置的小屋)與商家的風情。將四方模型烤出的蛋糕分切成長方形後,在盒裡裝入四塊半這樣的蛋糕的禮盒,取名為「四

疊半」。一如大家所知,四疊半是日本標準的茶寮大小。我發現還有千利休風格、供人交流更小間的「小間」茶寮,因而設計出盛裝兩塊蛋糕的「兩疊」(第12頁)。特別受歡迎的是盛裝8塊蛋糕的「八疊」(第12頁)禮盒,不過,適合派對裝有32塊蛋糕的「大廣間」(第13頁)也很討喜。

四疊半

二畳

八畳

大廣間

塔

說到塔，相信大家都會連想到有稍硬的邊（外側邊緣）的圓形甜點吧。一直以來我都按照教科書來製作塔，也堅信塔就是這個樣子，直到有一天。多虧某位客人寫給我一封信，讓我發現我的塔千篇一律缺乏自我風格。那封信的內容中提到，你的塔的邊緣咬起來很硬，好像不是津田陽子製作的甜點呢。當時我雖然感到很苦惱，但現在想起來，來自客人的一封信，成為我思考製作自我風格的塔的契機，這是何其幸運的事。那麼，什麼是津田陽子的風格？什麼是Midi Après-

midi的風格呢？經我深思熟慮，開發出沒有邊緣的「塔」。正如文字所述，這個塔沒有堅硬的「邊緣」。因為杏仁鮮奶油直接貼著中空圈模的側面，所以取而代之的是，只有該部分烤得有點硬，呈現酥鬆、輕快的口感。

最受歡迎的禮盒是「十色塔」，它是裝在正方形紙盒中，由10種切成10等份的塔組合而成。要從哪塊開始吃，該如何分享，十色塔背後還藏著選擇的快樂，是深受大眾喜愛的開心伴手禮。

十色塔

這是能享受分切之趣的完整塔。我稱它為「Aentremets（甜點）」。這個放有蜜煮水果乾的「老祖母的塔」，廣受甜點迷的喜愛，從2～4人份的12吋大小，到5～10人份的16吋等，都是訂單很多的暢銷商品。

老祖母的塔的創作靈感來自法式祖母風（Grand-mrère）料理。Grand-mrère在法語中，是老祖母的意思，在料理上，形容盤中盛著樸素食材的家庭風味料理時使用。我在法國吃過的祖母風料理，全都充滿了溫暖，那樣料理會讓人連想到那個人成長的幸福家庭。代代傳承的美好事物，最能撩撥人的心弦。在這個塔中，我寄予了相同的想法。

老祖母的塔

餅乾

這是我在京都市區開業當時，就開賣的酥脆餅乾及餅乾風味的烘烤類甜點。之後，我想讓餅乾的口感更酥脆輕盈，費心研究讓奶油含有更多空氣，更確實混合麵粉，最後完成現在的「餅乾」。

餅乾和「方塊蛋糕」（第10～13頁）一樣，也是仿照茶寮基準的「四疊半」包裝成禮盒。因為在正中央配置花形餅乾，所以這個盒裝甜點，在Midi

Après-midi稱為「四疊半餅乾 花」。我的餅乾像法國餅乾那樣，並不是特別突顯奶油的類型。它的特色是風味輕盈，像是能搭配日本茶一起享受點心時光般。而且因為餅乾很薄，容易裂開，所以不是裝在紙盒裡，而是裝在鐵盒中販售。打開盒蓋後，隨即散發出豪華的奶油香味，繼奶油香後還會湧現芝麻與杏仁的香味。

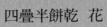

四疊半餅乾 花

蛋的科學

蛋黃中約有一半是水分，其餘是脂質和蛋白質。另一方面，蛋白中將近九成是水分。因此打開蛋後盲目的打發，兩者無法完全結合。不過蛋黃和蛋白先分別打發，之後兩者再混合，就能形成我理想中的「輕軟」「濕潤」口感，以及日式甜點般的輕盈感。蛋黃、蛋白要打發至何種程度，根據想呈現的口感而不同。一般製作蛋白霜的作業，意味著施力打散蛋白中所含的「喜水蛋白質」和「厭水蛋白質」的構成，一面讓它含有空氣，一面將它改變成新的構成。蛋白經過攪打，發泡的蛋白質會確實結合，含有許多空氣。但是，花神蛋糕捲的蛋白霜，不打發至「尖端能豎起」的程度，而是在蛋白中融化砂糖製成「砂糖蛋白後，再以不放過任何一滴蛋白水分的心情開始打發，盡力攪打成泛出光澤、水潤的「濕潤蛋白霜」。

砂糖的科學

本書主要是使用上白糖和糖粉。兩者的主要成分都是蔗糖。白砂糖磨細製成的糖粉，其成分幾乎都是蔗糖，相對於糖粉，上白糖是在蔗糖中加入轉化糖製成。這個轉化糖因容易引起梅納反應（Maillard reaction；褐變反應）而聞名。上白糖受到轉化糖的影響，變得容易和食材的胺基酸（蛋白質）結合，進而產生漂亮的烤色和美味的香氣。京都的許多和菓子店，都會在麵團或內餡中使用上白糖，它那獨特的柔和甜香味令我懷念。花神蛋糕捲和戚風蛋糕中雖然也使用上白糖，不過人們表示，這個上白糖是他們對甜點外觀和香氣更有食慾的原因之一。希望厚重的奶油以細小的粒子活動，一口氣鎖住空氣時，適合使用糖粉。我的甜點大多不用機器作業，而是用手攪拌混合，所以餅乾、蛋糕和塔中，都常使用糖粉。但是，由於糖粉容易融合，所以必須留意若動作太慢的話，奶油會變得太厚重。

製作甜點的技巧
「輕軟」「濕潤」「酥鬆」──結合的科學

我從法國回到京都後，對製作法式甜點抱著疑問。
在法國覺得美味的法式甜點，在濕度高的日本吃起來也美味嗎？
我的目標不是製作風味豪華、口感厚重的甜點，而是更「輕軟」、更「濕潤」、更「酥鬆」的甜點。
因此我又重新了解蛋、砂糖、麵粉和奶油的特性。

麵粉的科學

我覺得配方中的麵粉分量多的甜點並不好吃。蛋糕中的麵粉產生超出所需的麩質時，口感會變得太厚重，讓人對享受甜點提不起興趣。用發粉勉強膨脹大量麵粉製成的蛋糕，隨著時間經過質地會變得極端乾燥。麵粉也具有維持甜點外形和彈力的骨架作用，不過特別是蛋糕捲，我為了儘量抑制麩質的作用，多次改變低筋麵粉的配方量，最後終於找到和奶油等量的最低麵粉分量。篩入麵粉時因為會自然混入空氣，所以製作蛋糕捲時，要像儘量壓出多餘空氣般來混合。這樣的混合方式和製作柳橙蛋糕及方塊蛋糕等的「蛋糕」都一樣，麵粉混合到最後以成為果凍狀麵糊為目標。有適當麩質量和空氣量的麵糊，隨著烘烤會高高的膨起，但不會不自然地膨脹到頂端或產生龜裂的現象。

奶油的科學

為了讓烘烤類甜點的麵粉吸收奶油後吃起來不油膩，加入奶油之前，要先讓素材充分結合。而且，若奶油和其他材料混合的話，必須讓它們儘速結合。製作花神和戚風蛋糕時，奶油隔水加熱後，要趁熱使用。我的戚風蛋糕是以奶油取代沙拉油，不過這時奶油和鮮奶也要先一起加熱成「奶油鮮奶」，在蛋黃乳化後才加入。製作餅乾、蛋糕時，奶油攪打成乳霜狀（Pommade）的目的，也是讓後來加入的麵粉不會吸收過多的油脂和水。乳霜狀奶油的油脂和水分已結合，因此有加入麵粉的餘裕。在模型中塗抹奶油時，請使用「隔水加熱約半融化的乳霜狀奶油」，不要用完全融化的奶油。因為半融化奶油能與模型密貼，不會和倒入的麵團融合，所以甜點完成後較美觀。

21

花神蛋糕捲的科學

製作花神蛋糕捲的麵糊時，我並沒有借助泡打粉或麵粉麩質之力，而只利用蛋的膨脹力。這一點雖然和舒芙蕾類似，但是我希望蛋糕不只有輕軟的口感，還想讓它有濕潤感、彈性和光澤，我一面利用砂糖的吸水特性，一面以自己的方式來打發蛋。我不用直接打發蛋的「全蛋打發法」，而是採用分別打發蛋黃和蛋白的「分蛋打發法」，這點和舒芙蕾一樣。

蛋黃中含有卵磷脂這種可結合脂質和水分的乳化成分。因此，要混合多個主要由水分、脂質和蛋白質組成的蛋黃十分簡單。但是，製作花神蛋糕捲時，不是像舒芙蕾那樣「攪混」蛋黃，而是像製作蛋白霜那樣徹底「打發」讓它含有空氣。隨著蛋黃逐漸打發，黃色的蛋液會漸漸泛白，體積多少膨脹一些。最理想的打發狀態是拿起打蛋器時，大量厚重的發泡蛋黃會像掛在打蛋器上一樣塞在鋼絲內側。因卵磷脂的作用，充分打發的蛋黃也有極佳的穩定性，烘烤後能適度膨脹，烤好的蛋糕含有水分口感極細緻，而且變涼後體積也不易縮小。這樣的蛋糕不只有「輕軟」，還有「濕潤」的口感，成為展現花神獨特口感的第一步。

蛋白也打發成蛋白霜，不過一開始就一口氣加入上白糖，像這樣製成「砂糖蛋白」後再打發的方法，常被認為不按常理。蛋糕捲的蛋白霜就算較難打發也沒關係。當然，就像普通的蛋白霜一樣，打發的

目的同樣是讓蛋白的蛋白質變性以含有空氣。但是，這裡較著重砂糖吸收水分的特性，最大的目的是讓砂糖鎖住由近九成的水組成的蛋白的水分。花神蛋糕捲可以不用像舒芙蕾那樣高高隆起，所以蛋白霜不必打發成尖角能豎起的硬度，只要打發到像能畫出隱約條紋的硬度即可。這種「濕潤蛋白霜」，被譽為簡直能潤喉一般，這也影響到花神的喉韻。

像這樣，將性質不同的蛋黃和蛋白分別打發成相同的硬度，混合兩者時能產生感覺良好的均勻融合感。我也多次修改配方中低筋麵粉的分量，最後找到最適當的最低分量。我覺得不加麵粉也行，不過麵粉的麩質和蛋白質，能讓烤好的蛋糕外圍更有彈性。而且讓蛋糕不只有甜味，還能散發出讓人垂涎的香味。像迷你花神那樣的小蛋糕捲，捲包時蛋糕不致於破裂，那是因為配方中的麵粉量讓蛋糕保有適度的彈性。

最後加入大量隔熱水融化的奶油。讓奶油融成液體，是為了讓它能迅速均勻地擴散到麵糊中。以高溫融化奶油，是為了避免奶油在和麵糊混合途中變涼。加入奶油時，一次大量倒入常會壓破蛋的泡沫，所以最好一面靜靜地倒在橡皮刮刀上，一面加入。若麵糊中蛋、砂糖和麵粉好好地結合，奶油也會完美融入其中。

從烤成褐色的舒芙蕾蛋糕，散發出令人懷念的甜美香味。和白色巧克力的甘納許內餡組合，能感受到潤喉般的滋潤感。為了感受輕軟、濕潤的蛋糕，建議用手拿著蛋糕食用。

輕軟
花神蛋糕捲

材料（長30cm大　1條份）

◎舒芙蕾蛋糕體

蛋黃	6個份
蛋白	5個份
上白糖※	100g
低筋麵粉	50g

★過篩

奶油	50g

◎甘納許內餡

白巧克力	50g
鮮奶油	150ml

★前一天完成，鬆弛備用。

◎準備烤盤

準備烤盤（30×35cm）1片和烤焙紙2片。

一片烤焙紙依照烤盤底部大小剪裁，另一片紙則加上烤盤側邊豎起的部分來剪裁，依照烤盤底部摺出摺痕，在四角剪切口。

在烤盤中鋪入依烤盤底部大小剪裁好的紙，再重疊上有側邊豎起份的紙，共鋪兩層，鋪入後按壓四角讓紙緊密貼合烤盤。

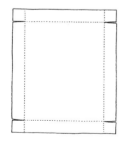

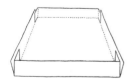

前一天準備

◎甘納許內餡

01　在大鋼盆中放入大量冰塊，放入冷凍庫備用。巧克力切碎，放入鋼盆中。

02　在鍋裡放入鮮奶油以中火煮沸。

03　加入切碎的巧克力，用打蛋器慢慢混合讓巧克力完全融化。

04　在盛滿冰塊的鋼盆中，疊放上已融化巧克力的鮮奶油的鋼盆，一面混合，一面使其冷卻。

05　待充分變涼，表面泛出光澤後，蓋上保鮮膜，放入冷藏庫鬆弛一晚。

★煮沸鮮奶油的作業很重要。為避免煮焦，需不時用打蛋器一面混合，一面煮沸，煮到鍋的周圍開始冒泡即可。鮮奶油是使用乳脂肪成分40%以下的產品。比起天然純鮮奶油，加入少量植物性奶油的產品較好處理。

※日本產的高純度砂糖，比白砂糖細，晶粒小。

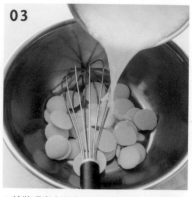

★錠狀巧克力可省下切碎的工夫，使用上較方便。

★混合至變涼為止。表面很快會浮現油脂膜，但還要繼續冷卻。

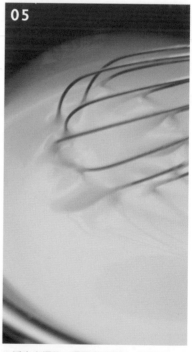

★泛出光澤後，還要不時混拌。剛開始較稀軟，但會逐漸變濃稠。將其靜置一晚備用。

分蛋打發法

◎舒芙蕾蛋糕體／打發

1 在鋼盆中放入蛋黃，加少量上白糖，攪打發泡直到泛白變黏稠為止。

2 在大鋼盆中放入蛋白，一次加入剩餘的上白糖，待上白糖充分融化後，如往外推出打蛋器般開始打發，製成極細緻的蛋白霜。

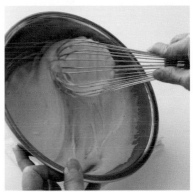

★指頭如豎起般短握打蛋器，將拇指像往外推出般施力打發。

★隨著逐漸打發，蛋黃的蛋白質會變性，在過程中漸漸含有空氣。藉由卵磷脂的乳化作用，蛋黃變成乳脂狀，狀態也趨於穩定。質地變得略微厚重，感覺像能掛在打蛋器上一樣。

★砂糖溶解後會呈果凍感，這時開始充分攪打發泡。

★打發到黏在鋼盆側面的氣泡能流下，這時停止打發也無妨。

★氣泡若還黏在鋼盆側面不流動，這時打發作業勿停止。

★打發時，有時要充分打發讓氣泡尖端能豎起，有時需反覆混拌慢慢調整氣泡。

混合、融合

○舒芙蕾蛋糕體／混合

3 用打蛋器舀取蛋白霜，一面橫向搖晃一面讓蛋白霜流下。若流下的蛋白霜能呈現明顯的痕跡，就加入 1 的蛋黃混合至均勻為止。

4 已篩過的低筋麵粉再一面過篩，一面加入其中，用橡皮刮刀充分混合直到麵糊泛出光澤為止。

5 以熱水隔水融化的奶油像是倒到橡皮刮刀上面般加入，用刮刀宛如從盆底舀取般將麵糊混合均勻。

★左手一面將鋼盆往面前轉動，一面用橡皮刮刀像放在手掌中一樣從底部舀取混拌，以去除多餘的空氣。

3

★活用砂糖的保水作用，讓砂糖吸附蛋白的水分。最後能完成濕潤的蛋白霜。

★用左手一面將鋼盆轉至面前，一面從右向左混拌，如避免接觸空氣般來混拌。

4

★讓花神蛋糕捲「輕軟」的主要原動力是蛋，所以用最少量的麵粉製作。因麵粉量很少，即使充分混合也不會形成多餘的麩質，請放心。

★用橡皮刮刀徹底刮下鋼盆側面的混合物，從底部舀取如推擠麵粉般來混拌。

以高溫烘烤

○舒芙蕾蛋糕體／烘烤

6 在鋪了烤焙紙的烤盤上，從高處慢慢倒入麵糊，用刮刀刮平表面，叩擊烤盤底部讓空氣釋出。放入加熱至200℃的烤箱中約烤12分鐘。

★以高溫烘烤，利用水分蒸發的力量讓蛋糕膨起。但是，蛋糕不只要「輕軟」，還要讓它口感「濕潤」，因此烘烤的時間要短。

★為了不讓奶油沉入底部，迅速往上舀取混拌，讓融化奶油儘速融入麵糊中。在混合過程中，奶油容易變涼和分離，所以要以較高的溫度融化。留意關掉室內的空調避免有風。

★用大刮刀迅速刮平。

甘納許內餡

●捲包／完成內餡

7 將前一天放在冷藏庫鬆弛備用的甘納許內餡，用手持式攪拌機攪打變濃稠，再用打蛋器打至八分發。

★甘納許內餡若和空氣接觸容易分離，所以此時攪拌盆需泡冰水，以手握式攪拌機短時間打發。

烘烤

●捲包／塗抹內餡

8 6 的舒芙蕾蛋糕體烤好後，從烤盤中取出放在墊板上，撕開豎起部分的烤焙紙，抽出已鋪在底下的兩層紙蓋在蛋糕上。待蛋糕變涼後上下翻面，撕掉底紙，烤色面朝下。

9 在 8 的蛋糕起捲處，用橡皮刮刀放上 7 的甘納許內餡，用抹刀均勻塗抹至終捲處前2cm為止。

★從烤箱取出後，迅速脫膜放在墊板上，以防止水分蒸發。上面蓋上紙，放涼時也要進行保濕作業，它是讓蛋糕「濕潤」的要訣。待蛋糕完全變涼後上下翻面。

★從前面開始如翻摺般仔細撕下底紙。

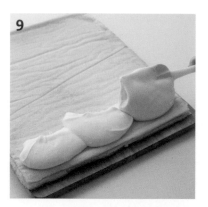

★甘納許內餡製作得柔軟些。抹刀以最小的限度來移動塗抹，在捲包之前內餡需保持柔軟的狀態。

捲好後鬆弛

●捲包／滾捲

10 為避免蛋糕有空隙，先用手指將蛋糕緊密捲一圈，再用手掌如包覆般捲包。

11 蛋糕捲到最後連同墊板回轉至面前，再從尾端連紙一起捲包蛋糕，放入冷藏庫鬆弛20～30分鐘。

11

10

★ 如同用手掌輕柔包覆般來捲包，用紙捲包以免損傷蛋糕的表面。捲包最終處朝下，放入冷藏庫鬆弛。完成的蛋糕用熱水溫熱的刀子分切。

戚風蛋糕的科學

一般的戚風蛋糕之所以用沙拉油製作，有它的原因。因為沙拉油即使變涼仍會保持液態狀，蛋糕就算冷藏，口感也能常保輕軟，不會變硬，這是沙拉油的一大貢獻。戚風蛋糕不用奶油也能製作，因此廣受健康愛好者的喜愛。不過，至今我吃過各式各樣的戚風蛋糕，所有的蛋糕口感都很「輕軟」，然而我總覺得味道和香味上似乎少了些什麼。那種感覺很像在吃長崎蛋糕（Castella）時，一直覺得有所不足一樣。因為戚風是蛋香味濃郁的蛋糕，這讓我忍不住思索，若在配方中加入奶油，蛋糕應該會更美味吧？

但是，問題卻出在奶油。奶油的特性和沙拉油不同，奶油變涼後會凝固，加入奶油烘烤的戚風蛋糕，儘管剛烤好時很「輕軟」、「濕潤」，但隨著蛋糕變涼，口感一定會變得厚重。我常思考，希望藉由改變素材的結合方式，完成具有「自我風格」的甜點，因此，為了做出合乎理想的戚風蛋糕，找出加入奶油最佳的時間點，也成為我自我挑戰的課題。奶油是從鮮奶提煉而成，這樣的話，我想到和它接近的素材，或許最好的方法是先讓奶油和鮮奶結合也說不定——於是我連想到「奶油鮮奶」。80g的奶油和80g的鮮奶隔水加熱後，大約2/3的相同成分會下沉，大約1/3的清澄奶油液會浮上來。即使分成兩層，也能和其他素材——打發成乳脂狀的蛋黃、粉類、充分打發的蛋白霜等完美結合，蛋糕烤好後，也不會變得鬆乾、厚重，而是保有「輕軟」、「濕潤」的口感。蛋糕烘烤前因素材完美結合，所以蛋糕的斷面均勻分布極細緻的氣泡。那和沙拉油與麵糊分離，烤好後出現一個個大氣泡坑洞的戚風蛋糕，給人的印象截然不同。即使蛋糕沒添加能夠穩定氣泡，或是使蛋糕保持輕軟口感的添加物，利用奶油也能烤出漂亮的戚風蛋糕。而且，最棒的是享用的瞬間，蛋糕會散發出奶油獨特的誘人香味，戚風蛋糕變成讓人感到無比幸福的新甜點。因配方中的鮮奶和奶油等的水分很多，會使發漲的麩質稍微膨脹，所以混入麵粉中的泡打粉分量，使用最少量即可。

戚風蛋糕中的蛋黃和花神蛋糕捲一樣，一面讓它含有空氣，一面打發成乳霜狀，不過，蛋白和花神中製作的蛋白霜不同。這裡所用的蛋白霜，希望具有使蛋糕朝上下左右膨脹變「輕軟」的作用，以及保持蛋糕外形的定形作用，因此我借助手持式攪拌機之力，將蛋白打發成即使鋼盆倒置也不會掉落的蛋白霜。在蛋糕捲頁中我曾經稍微談及，蛋白中含有無數的蛋白質，藉由打發之力將其先打散，讓它們彼此以不同的形狀再結合，經由此過程，蛋白會變成含有空氣的蛋白霜。充分打發的蛋白霜，理想的狀態是蛋白霜中充滿蛋的水分和從外界鎖入的空氣。但是，如果過度打發，蛋白質會過度緊密結合，這樣蛋白的水分會被擠出去。水分被擠出後，蛋白霜中會出現鬆散和帶水的部分，體積也會減少，這點請特別留意。

從蛋糕斷面的細緻度可知，它遠比一般的戚風蛋糕口感綿細輕軟。
這款新的戚風蛋糕散發出的誘人奶油香，也讓人充滿幸福感。
試著用手撕取蛋糕，你應該會注意到輕軟、濕潤的蛋糕中，還出奇地富有彈性。

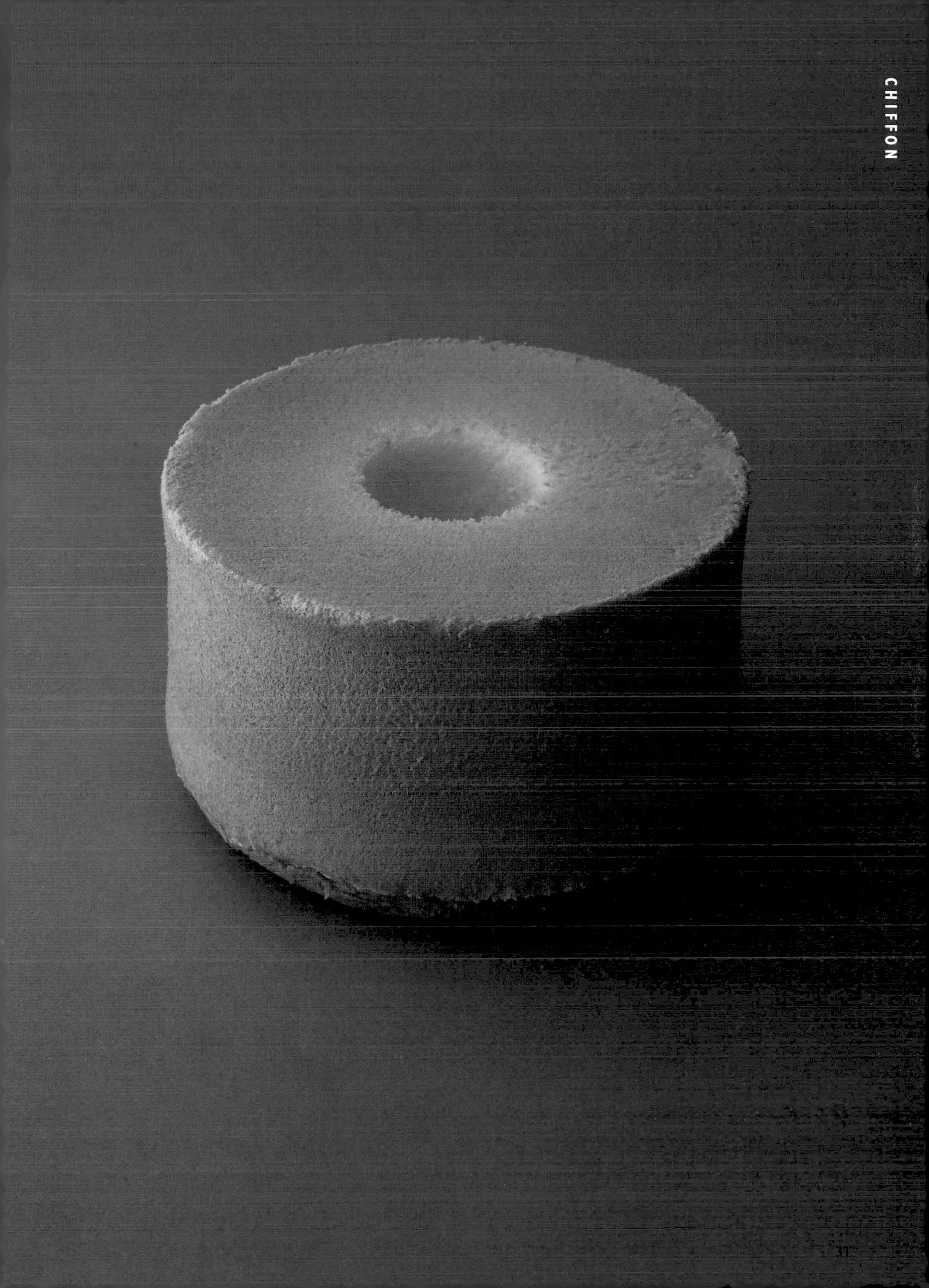

輕軟
戚風蛋糕

材料（直徑20cm的戚風蛋糕模型　1個份）

●麵團

蛋黃　　　5個份
蛋白　　　5個份
上白糖　　140g
奶油　　　80g
鮮奶　　　80ml
　低筋麵粉　　100g
　泡打粉　　1/2小匙
　鹽　　　1小撮
★混合過篩。

乳脂狀蛋黃

●準備四材料

1　粉類過篩備用。

2　在鋼盆中放入奶油和鮮奶，隔水加熱融化，保溫備用。

3　在鋼盆中放入蛋黃打散，打發直到變得厚重。

★容易分離的奶油和鮮奶一起加熱融合備用，讓奶油成分和鮮奶混合，接著加入蛋黃才容易結合。

★和製作花神蛋糕捲一樣，一面讓蛋黃中儘量含有空氣，一面打發成乳脂狀。蛋黃乳化後會包覆奶油鮮奶，泛出光澤具有融合力。

綿密蛋白霜

4　在深型鋼盆中放入蛋白，用手持式攪拌機打散，整體發泡泛白後，分2次加入上白糖，攪打成綿密、富彈性的蛋白霜。

★用手持式攪拌機縱向攪打，漸漸形成氣泡後，加砂糖1/2量，慢慢加快攪打速度。

★手持式攪拌機要移至鋼盆側面或底部充分攪打。

混合奶油鮮奶

●混合／增加濃稠度

5 在 **3** 的蛋黃中加入 **2** 的奶油鮮奶混合，換裝到溫熱的大鋼盆中。

6 將 **1** 的粉類再一面過篩，一面加入其中，用打蛋器混合到泛出光澤為止。

CHIFFON

★為了讓麵粉產生麩質，充分混合直到泛出光澤，質地變得均勻、濃稠為止。這裡充分混拌，烘烤好的蛋糕才能產生最佳的彈性。

★蛋白霜充分打發後，蛋白質之間會穩固結合，蛋白霜中會緊密鎖住蛋白的水分，以及從外部進入的空氣。這樣蛋糕烘烤時有助它變得輕軟。

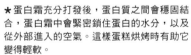

★蛋白霜打發到倒叩鋼盆也不會滑動或掉落。

33

混合蛋白霜

●混合／完成麵糊

7　加入半量4的蛋白霜，用打蛋器充分混合。再加入剩餘的蛋白霜仔細混合，改用橡皮刮刀將麵糊混合均勻。

★最後一面將鋼盆往面前轉動，一面用橡皮刮刀從下向上如舀取般混合，讓素材完全融合，呈現漂亮的光澤。確認是否已充分混合均勻。因為已加入奶油，作業要迅速進行。這裡蛋白霜若好好結合，蛋糕烘烤後只會膨脹至模型上部，不用擔心會從模型中溢出。

★蛋白霜的體積較大，所以分2次加入，打蛋器混合時才不會太勉強。打蛋器從旁邊潛入盆底，讓蛋白霜如同滲入打蛋器般來混合。蛋白霜接觸空氣會變稀，用打蛋器混合才能保留氣泡。

放入模型中烘烤

●烘烤

8　從戚風蛋糕型上方略高處倒入麵糊，用衛生筷在其中一面繞圈去除多餘的空氣，一面整平表面。

脫模

9 放入加熱至180℃的烤箱中約烤35分鐘。烤好後戴上工作手套,將上部從左右稍微往中心按壓,再連模型一起倒叩放涼。

★透過烤箱的熱力,泡打粉的二氧化碳及素材中釋出的水蒸氣,使麵粉的麩質向上膨脹,蛋的蛋白質呈凝固狀態。為避免溫度下降,這時烤箱的門絕對不可打開。

★倒叩模型之前戴好工作手套,先將蛋糕上部從左右稍微往中心按壓,之後較容易脫模。要趁蛋糕周圍尚未變乾,還沒黏附模型之前進行。

★放在蛋糕涼架上放涼。

10 蛋糕充分變涼後,以戚風蛋糕用刀插入模型和蛋糕之間,讓蛋糕與外側模型分離後再倒叩,保留黏附的棒狀模型,整個裝入塑膠袋中以免蛋糕變乾。這樣就能使蛋糕保有漂亮的外觀。食用時,只要拿掉剩餘的模型,再分切蛋糕。

★裝入塑膠袋中,徹底密封,放在室溫中備用。

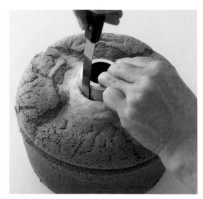

★以戚風蛋糕用刀插入棒狀部分和底面,將蛋糕倒叩脫模。連模型一起轉動較容易作業。

蛋糕的科學 I

Midi Après-midi的「蛋糕」，希望能呈現適度保留素材原有水分般的「濕潤」口感。儘管它們都稱為蛋糕，不過有的採全蛋法、有的採分蛋法；蛋白霜打發方式也不同，我希望蛋糕不只有濕潤感，還希望顧客吃的時候，能產生符合該蛋糕的理想食用感。店裡有很多蛋糕，都是以全蛋和奶油組合的「奶油蛋糕」為基底製作而成，像是以方形模型烘烤，再分切享用的「方塊蛋糕」及水果蛋糕，都是以第38頁介紹的柳橙蛋糕的作法製作。

柳橙蛋糕是在日本人偏好的「濕潤」口感中，還兼具日本人喜愛的「輕軟」質地的奶油蛋糕。它和Midi Après-midi其他的甜點比起來，雖然感覺略微厚重，不過並不是像歐美的奶油蛋糕那樣口感沉重。

柳橙蛋糕中使用L大小的蛋3個及奶油160g。1顆蛋約超過60g，蛋的總量比奶油量多很多，一般的常理是相對於油脂，水分太多的話，麵糊很容易分離。因此，我將蛋液隔水加熱，等於間接加熱奶油，這樣蛋和奶油就容易融合。我先混合奶油和糖粉，以糖粉無數的粒子攪動奶油，攪打到奶油中含有許多空氣泛白為止。接著，一面打散全蛋，一面隔水加熱成比體溫略高的溫度。這樣作業溫熱的蛋液和發泡奶油都變得容易結合，製作訣竅是蛋和奶油再分數次混合。重點是儘量維持溫度，一面讓它

們融合，一面確保有「光澤」，所以發泡奶油要用小一點的鋼盆。這裡雖然加入糖漬橙皮，不過在糖漬橙皮中加入水飴和君度橙酒時，因為有加熱維持溫度，所以讓素材變得容易結合。尤其是冬季最好要隔水加熱。大家常以為暖氣的風能保溫，不過任何風都對麵糊有不好的影響。請關掉暖氣或冷氣，若是冬天，建議以隔水加熱的蒸氣來一面溫暖室內，一面讓素材結合。

換到大鋼盆後，最後再加入粉類。因為這是水分多的麵糊，為了不要有粉塊，最初用攪拌匙如切割般混拌。接著，以從底部舀取再倒入般的動作來混合，麵團自然能混勻，完成具有獨特輕軟彈性口感的柳橙蛋糕。即使看不到有乾麵粉後，也要以這樣的動作攪拌麵糊，以形成好的麩質。雖說如此，但因為麵粉量少，所以蛋糕烤好後兼具理想的「濕潤」和「輕軟」口感。

柳橙蛋糕最初以180℃烘烤20分鐘，之後將烤箱溫度至170℃呈燜烤的狀態，一面保留麵糊中的水分，一面烘烤。用咕咕洛夫模型烘烤，因熱力有效率地滲入中央，短時間內就能烘烤完成。換句話說，這樣因為迅速蒸發掉常燜得發黏的蛋糕中央的水分，所以不必過度烘烤到外側都變乾即可。它是我製作奶油蛋糕時不可或缺的模型。

這是具有柳橙柔和的香甜味特色的奶油蛋糕。以咕咕洛夫模型烘烤而成。
我費心研究過素材之間的結合方法，即使加入大量奶油口感也不厚重。
只藉素材之力量保持濕潤口感，即使不刷糖漿，也不會有卡喉的感覺。

濕潤
柳橙蛋糕

材料（直徑18cm的咕咕洛夫模型　1個份）

●蛋糕體
奶油	160g
糖粉	150g
全蛋	3個
糖漬橙皮（切末）	150g
君度橙酒	50ml
水飴	20g

低筋麵粉	160g
杏仁粉	40g
泡打粉	1又1/2小匙
鹽	1/2小匙

★混合過篩。

●君度橙酒糖漿
水	100m
白砂糖	100g
君度橙酒	30ml

●準備模型

1　在咕咕洛夫模型中，用毛刷塗上融化奶油（分量外），放入冷藏庫中冰涼。

★奶油勿加熱融化到分離，只要隔水加熱至半融化程度，用毛刷沾取融化成乳霜狀的奶油塗到模型上，奶油乾了之後能緊密覆在模型上。

★左手拿著模型的一面朝面前轉動，右手不太移動一面塗奶油。中間的長筒也要塗。

●君度橙酒糖漿

2　在鍋裡放入水和白砂糖，以中火煮沸，直接放涼備用。

3　在完成的糖漿30ml中，加入君度橙酒30ml。

打發到泛白為止

●蛋糕體／打發奶油

4　在鋼盆中放入已在室溫下回軟的奶油，用打蛋器充分攪拌，分數次加入糖粉，打發至膨軟為止。

★奶油鬆弛後會釋出水分融化糖粉，所以糖粉要一次少量慢慢加入並迅速混合。以指尖施力般的感覺來支撐鋼盆。糖粉剩下1/3量時，打蛋器攪拌動作加大，像要納入空氣般混拌。這樣作業蛋較容易融入。

★完成發泡奶油。打發時間太長糖粉融化後空氣較難進入，所以要加速反覆攪打迅速混合。

結合蛋液

○蛋糕體／混合

5 打散的全蛋隔水加熱至人體體溫的程度，分數次加入，每次加入都要和奶油充分混勻。

★蛋用叉子攪打發泡，攪打到出現泛白的泡沫後加入4中。注意不要過度加熱。

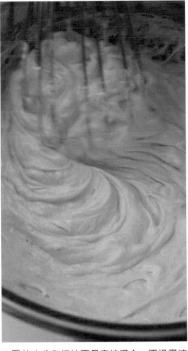

★蛋的水分和奶油不易直接混合，不過蛋液加熱後，就容易和奶油結合。

★打蛋器豎拿，確實握緊握把根部攪打。

○蛋糕體／結合素材

6 在別的鋼盆中放入切碎的糖漬橙皮、君度橙酒和水飴，隔水加熱至人體體溫的程度，加入5中混合。

39

有彈性的麵糊

●蛋糕體／混合粉類

7 將6換到大鋼盆中，已篩過的粉類再一面過篩，一面加入其中，用攪拌匙如切割般混拌，充分混拌到已無粉末感，呈現光澤為止。

★混拌到無粉末感後還要混合，是因為要形成狀態佳的麩質，以去除造成蛋糕乾澀的多餘空氣。這裡麵糊要混成如布丁凍的感覺，才能烘烤出喉韻佳的甜點。

使用咕咕洛夫模型

●成形、烘烤／放入模型中

8 一面轉動1的模型，一面撒入高筋麵粉（分量外），再將模型倒叩工作台以去除多餘的麵粉。

9 將8的咕咕洛夫模型置於抹布上，再放入7的麵糊，拿起模型向下輕敲，以去除空氣。

烘烤濕潤

○成形、烘烤／塗抹糖漿

10 放入加熱至180℃的烤箱中約烤20分鐘，將溫度降至170℃再烤20分鐘。用竹籤刺入蛋糕中，竹籤抽出後若沒有黏附麵糊，再烤數分鐘。

11 烤好後脫模，放在涼架上，趁熱用毛刷塗上君度橙酒糖漿。筒的部分也要塗抹。

★用攪拌弛將盛入的大量麵糊從模型中心向外推撥。

★模型轉一圈放入所有麵糊後，最後，別忘了拿起模型向下輕敲2、3次讓空氣釋出。

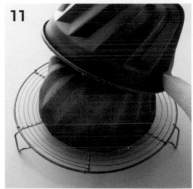

蛋糕的科學 Ⅱ

法式巧克力蛋糕的作法，是在全蛋中混入砂糖，再加入麵粉、融化奶油和巧克力，但我的作法是先攪拌蛋黃，再分2次加入打發的輕軟蛋白霜。我的「巧克力蛋糕」除了呈現理想的「濕潤」感外，同時還兼具輕盈感。不僅融口性佳，餘味也清爽不膩口。在法國時，我非常喜愛磅蛋糕，我現在製作磅蛋糕時，也採用分2次加入蛋白霜的方法。

磅蛋糕是將等量的蛋、砂糖、麵粉和奶油混合、烘烤成的甜點，不過法國人喜愛磅蛋糕具有巧克力蛋糕般的濃厚油脂風味。無論如何我依舊會讓蛋糕呈現些微的空氣感，以及明顯的「濕潤」感，因為這是日本重視的美味口感。巧克力之後加入杏仁粉，是因巴黎的「La Maison du Chocolat」名店的巧克力蛋糕中也使用杏仁粉，非常美味。比起只用麵粉製作，巧克力蛋糕能呈現更濃郁的美味。雖說如此，我依然會讓蛋糕具有日本人喜愛的輕軟口感。這得在打發和加入蛋白霜的作業上多費工夫。

打發蛋白霜的方法很簡單，總之重點就是不斷地攪打。蛋白輕輕打散後，短握打蛋器，請持續不停攪打到蛋白變得泛白、輕軟。接著持續努力打發，打發到氣泡黏附在鋼盆上也不會立刻滑落的程度時，

加入第一次的1/3量白砂糖。雖然砂糖融解後，蛋白霜又會回復濃稠狀態，不過之後要再度打發至膨軟狀態。之後分數次加入剩餘的白砂糖，每次加入蛋白霜變回濃稠狀態後，都要重複打發成膨軟的狀態。因蛋白和砂糖的重量比為2：1，配方雖然和花神的蛋白霜相同，不過巧克力蛋糕的蛋白霜，和蛋糕捲的水潤蛋白霜完全不同，它屬於輕盈柔和的蛋白霜。是隨著時間經過，蛋白質和水分很快就會分離的蛋白霜。

在巧克力、奶油和蛋黃混合的厚重液體中，先只混入一部分打發的輕軟蛋白霜，充滿氣泡的蛋白霜，使厚重的液體狀油脂有適度的形狀，讓之後混入的粉類，不會一口氣吸收油脂和水分，一面抑制麩質，一面均勻分布，結合成質感佳的麵糊。

混合粉類後，倒入僅餘的蛋白霜。最後加入的蛋白霜，是為了讓巧克力蛋糕的口感變輕盈。若一開始就加入全部的蛋白霜，途中麵糊看起來雖然很輕盈，但卻烘烤不出理想的輕盈感。而且，最後加入的蛋白霜，會適量殘留柔和的氣泡，這樣才能烘烤出與巧克力厚重感相稱的適度輕盈感的蛋糕。

這是以低溫慢慢烘烤，讓外側稍微乾燥，裡面保持濕潤感的「巧克力蛋糕」。
加入蛋白的時間點，是為了讓蛋糕呈現味道濃郁，卻絕不厚重的適度輕軟口感。
完全不黏口的優越融口性，也展現日本風格的西點風味。

濕潤
巧克力蛋糕

材料（直徑18cm的圓形模型　1個份）

●蛋糕體
甜巧克力　　140g
奶油　　　100g
　| 蛋黃　　3個份
　| 白砂糖　　60g
杏仁粉　　60g
　| 蛋白　　3個份
　| 白砂糖　　80g
低筋麵粉　　80g
★過篩。

●其他
糖粉　　　適量

●準備模型
在圓形模型的內側和底部鋪入矽油紙，放到烤盤上備用。模型使用活動底的圓形模型。

混合巧克力

●蛋糕體
1　在鋼盆中放入切碎的甜巧克力和奶油，隔水加熱使其融化，充分混合備用。

2　在別的鋼盆中放入蛋黃打散，加白砂糖混合攪拌直到變得泛白變黏稠為止，加入1的鋼盆中慢慢混合。

3　在2中一面篩入杏仁粉，一面混合。

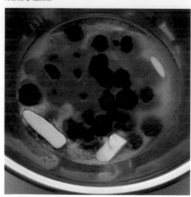

★不要攪動周圍的奶油直到它融化。融化奶油覆蓋在巧克力上，能避免巧克力變乾。接著先用打蛋器混合，再隔水加熱。

★奶油和巧克力涼了之後都會變得黏重，不易混合，所以鋼盆下特意先鋪上乾抹布，以免變涼。

★在鋼盆中放入巧克力後，在其周圍放入奶油隔水加熱。

★用打蛋器攪混，讓蛋黃和白砂糖融為一體。

持續打發成蛋白霜

4 在大鋼盆中放入蛋白打發，若打發到成輕軟的細小氣泡後，加白砂糖1/3量讓它充分融化，再打發至膨軟為止。若蛋白霜呈現明顯的紋理後，分數次加入剩餘的白砂糖，打發成尖端能豎起的蛋白霜。

4

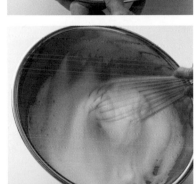

★如切割般混合直到杏仁粉都隱沒的程度。

★中途才加入砂糖，是因為一開始加入砂糖的話會較難打發。蛋白打發至某程度後再加入砂糖，能穩定蛋白霜的氣泡。加砂糖時，用打蛋器先融化砂糖後再打發。

★這裡若打發成輕軟的氣泡後，接著和油脂成分混合（步驟5）時，氣泡也較不易破滅。完成的蛋白霜，是比戚風蛋糕的蛋白霜砂糖量少的法式蛋白霜。

輕柔蛋白霜

5 用打蛋器舀取半量蛋白霜加入 3 中，大幅度地混合。若看不見蛋白霜，已篩過的低筋麵粉再一面過篩，一面加入其中，用橡皮刮刀仔細混合。

6 加入剩餘的蛋白霜，仔細混合直到麵糊均勻為止。

★讓打蛋器中嵌入蛋白霜的半量。

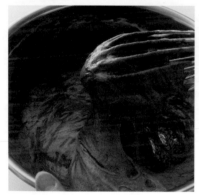

★混合至看不到蛋白霜為止。

★打蛋器換成橡皮刮刀，先將鋼盆周圍刮乾淨。

★用橡皮刮刀從下往上反覆分割般混拌，直到看不到低筋麵粉為止。液體狀的油脂和麵粉，粉會先吸收油脂成分變得厚重。但是，油脂和一部分蛋白霜的若先混合會變得較輕，較容易和麵粉混合均勻。

★最後加入的蛋白霜，要小心混合以免氣泡破掉，完成後的麵糊呈現果凍感。

烘烤濕潤

●成形、烘烤／裝入圓形模型中

7 　在備妥的模型中倒入 **6** 的麵團，用雙手扶住模型，橫向晃動使麵糊融合。

8 　放入加熱至170℃的烤箱中約烤40分鐘。用竹籤刺入蛋糕中，若無沾黏麵糊即OK。烤好後待蛋糕變涼後，放在瓶子上移除模型。將蛋糕放在網架上，撕下周圍的矽油紙，靜置放涼。最後再輕輕撒上糖粉。

★蛋糕烤好後容易破損，使用活動式底部的模型，將模型放在具有果醬空瓶等的高度，模型能向下脫落大小的物品上，小心避免蛋糕破損，讓模型落下脫模。

★如用橡皮刮刀壓入般迅速倒入麵糊。

★將模型側向晃動使麵糊融合。

塔的科學

塔的基本構成是酥脆的沙布蕾塔皮底座，及放在塔皮上的濕潤杏仁鮮奶油。除此之外，上面也可以放上糖煮水果或堅果等，享受不同的變化口味。

如何才能烘烤出口感酥鬆、輕盈的沙布蕾塔皮。Midi Après-midi的塔甜點的獨到之處，是沙布蕾塔皮和杏仁鮮奶油並非一開始就一起烘烤，而是沙布蕾塔皮先單獨烤好。另外，沙布蕾塔皮也沒有製作豎起的邊緣，只用中空圈模切割成圓片後再乾烤。

塔皮經過烘烤，奶油、蛋等的水分蒸發後會形成小空洞，但之後還會填入杏仁鮮奶油再次烘烤。經過二度烘烤，沙布蕾塔皮最底部的「酥脆」口感和味道尤其獨特。另外，沙布蕾塔皮中滲入杏仁鮮奶油的交界處，因滲入奶油和砂糖形成適度的「濕潤感」。上面杏仁鮮奶油層則口感輕軟。此外，貼著中空圈模烘烤的杏仁鮮奶油的口感也值得品味。我很開心一個略微「酥鬆」的塔底座中，能烘烤出三種口感。

沙布蕾塔皮的步驟重點是，先將奶油和糖粉攪拌成團。一般是陸續加入奶油、砂糖和蛋……製成黏稠的麵團。但是，我是先將蛋攪打成乳霜狀後，再和其他的材料結合。而且，最後加入麵粉的階段，採取「Fraiser」的混合法，儘量不讓空氣滲入來融合材料。所謂的「Fraiser」，是指用手掌搓壓般使麵團融成一團的方法，我是用攪拌匙如搓壓鋼盆般來攪拌。這時若只在同一地方攪拌，奶油會出水，麵粉吸收水分後，烤出的塔皮口感較硬。所以找到粉末處，請迅速搓壓混勻。試著觸摸麵團表面，若已不黏手，就表示麵團已混成理想狀態。不管任何階段都不要從奶油和蛋中引出多餘的水分，是「酥鬆」口感的祕訣。最初加入奶油時，為了容易混合，奶油要放在室溫下先讓它回軟，而非使用乳霜狀奶油或融化奶油液。

接著是杏仁鮮奶油，材料經各項作業融合時也有要訣。我不希望烤出厚重的口感，所以，最初在奶油中混入糖粉時，用打蛋器混拌讓它含有空氣。而且我是使用全蛋。如果慢慢混合，蛋自然會滲出水分使麵團變濕發黏，所以這時仍然用打蛋器迅速用力攪打，直到整體如奶油醬般泛出光澤充分融合。接著加入杏仁粉，可是沒吸收油脂的杏仁粉常會分離。因此，為了讓杏仁粉吸收油脂，只加入極少量的低筋麵粉，費心讓奶油醬和粉類完美結合。

從酥鬆的沙布蕾塔皮散發奶油和麵粉的香味，
杏仁鮮奶油輕軟、濕潤，和放在上面具有高雅甜味的洋梨也很搭拍，是讓人幸福的口感。
放上水潤的水果或烤乾的堅果，它是放上不同的配料，能呈現截然不同個性的甜點。

酥鬆
洋梨塔

材料（直徑18cm的中空圈模　1個份）

●沙布蕾塔皮

奶油	120g
糖粉	100g
全蛋	1/2個份
香草油	適量
低筋麵粉	200g

★過篩。

●杏仁鮮奶油

奶油	60g
糖粉	60g
全蛋	1個
蘭姆酒	5ml
香草油	適量
｜杏仁粉	60g
｜低筋麵粉	10g

★混合過篩。

●其他

洋梨（切半）	2又1/2個份
杏仁片	適量
杏桃果凍膠	適量
開心果	適量

勿滲入空氣

●沙布蕾塔皮／攪拌奶油

1　在鋼盆中放入已在室溫下回軟的奶油，用攪拌匙攪拌，分2次加入糖粉，每次加入都要和奶油充分混勻。

2　加入全蛋和香草油，用攪拌匙混合。

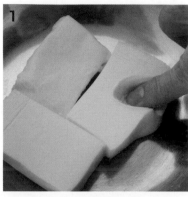

★準備手指能迅速壓穿的回軟奶油。

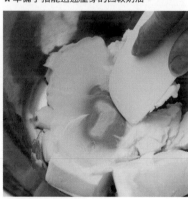

★用攪拌匙從上方一面如輕撫般，一面以整合麵團般的感覺來混合奶油和糖粉。要迅速進行，以免糖粉在奶油中融化。

★裡面若有氣泡不太好，要避免滲入空氣。滲入太多空氣的話，烤出的塔皮容易碎裂和受潮。

攪拌融合

○沙布蕾塔皮／混合麵粉

3 　將 **2** 換到大鋼盆中，已篩過的低筋麵粉再一面過篩，一面加入其中。如切割般混拌，充分混拌到麵團無粉末感，變得鬆散後，用攪拌匙如按壓盆底般攪拌。讓麵團徹底融合成團。

3

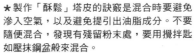

★製作「酥鬆」塔皮的訣竅是混合時要避免滲入空氣，以及避免提引出油脂成分。不要隨便混合，發現有殘留粉末處，要用攪拌匙如壓抹鋼盆般來混合。

★蛋的水分不易和奶油融合，剛開始如切割般混合後，再加強力道將整體混合成團。

★攪拌到用手碰觸麵團表面也不易黏手，麵團不會沾附在手上的狀態。

乾烤

●沙布蕾塔皮／鬆弛

4 揉成一團後再塑成四角形。用保鮮膜包好，以手掌按壓擠出空氣，放入冷藏庫鬆弛1小時以上。

●沙布蕾塔皮／擀開

5 在撒了防沾粉（分量外）的擀麵板上，再次揉搓5的麵團，計量一團80g。用擀麵棍敲扁，擀成3mm厚的圓片。擀開途中若邊緣有突角，移動麵團朝左右擀成圓形。

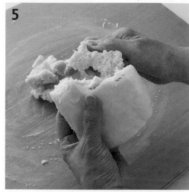

★蛋、砂糖和麵粉變涼也不會變硬，但奶油卻會變硬，所以重新揉搓讓四種素材融合成相同的狀態。溫度升高麵團若發黏的話，再將麵團放回冷藏庫使其變光滑。

★轉動麵團將突角朝左右擀開，不論往前或往後擀，都要在和邊緣保留一點距離處停止。反覆擀開擀成圓形。

融合變光滑

●沙布蕾塔皮／用中空圈模切取

6 用擀麵棍捲起麵團，放在鋪了烤焙墊的烤盤上，放上鐵氟龍加工的中空圈模按壓切割，除去多餘的麵團。用叉子在上面戳洞，放入加熱至180℃的烤箱中約烤15分鐘，烤好直接放涼。

★中空圈模是使用經鐵氟龍加工的切模式模型，烘烤時，簡單就能脫模。

●杏仁鮮奶油／混合

7 在鋼盆中放入已放在室溫中回軟的奶油，用打蛋器攪散，分數次加入糖粉，短握打蛋器，混拌至膨軟為止。

8 分2次加入打散的全蛋混合。最初是加入2/3量，和奶油混合至融合為止，再加入剩餘的蛋。

★為了製作輕軟的鮮奶油，讓奶油中含有空氣。這個階段最好儘量滲入空氣，所以糖粉也分多次加入。一旦形成空氣層後，蛋就容易融入。

★全蛋難融入奶油中，所以分2次加入，第一次多加一點，先打散讓它們融合，再加強力道充分混合使其融合有光澤。

增加香味

◎杏仁鮮奶油／香味和粉類

9　混合蘭姆酒和香草油增添風味。

10　已篩過的粉類再一面過篩，一面加入其中，用攪拌匙如切割般混拌，充分混拌至無粉末感，泛出光澤為止。

9

★加入剩餘的蛋和添加香味後，水分量增加容易產生分離現象，所以要儘快混合。

10

★攪拌混合至泛出光澤為止。麵團若不光滑，那是因為滲入太多多餘的空氣。這時將攪拌匙橫倒，試著再繼續混合。

填入鮮奶油

◎組合後烘烤／鮮奶油和水果

11　在6烤好的塔皮中填入杏仁鮮奶油，用刮刀刮平表面。

11

★一面轉動烤盤，一面用刮刀刮平表面。

★利用刮刀的邊角，一面轉動烤盤，一面刮平。

12　瀝除水分的洋梨橫向放置，切成2mm厚的片狀，再轉成縱向放置，用手掌輕輕按壓後從中切半。

13　將一列列洋梨分別放在抹刀上，一面讓它排成弓形，一面在塔上排放5列。上面均勻撒上杏仁片，放入加熱至180℃的烤箱中約烤35分鐘。

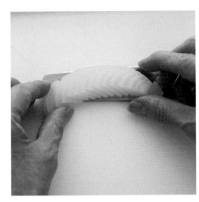

無邊緣的塔

●組合後烘烤／拿掉中空圍模

14　烤好後脫模，待蛋糕變涼後用毛刷塗上杏桃果凍膠，再裝飾上切粗末的開心果。

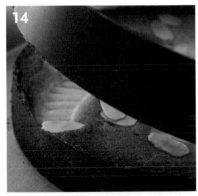

★塔皮底座經過二次烘烤，日本人較偏好口感「酥脆」、「濕潤」，無邊緣的塔。這個塔還能享受到貼著中空圍模的邊緣，烤到焦脆的口感。

餅乾的科學

Midi Après-midi的餅乾是無比的「鬆脆」，散發令人懷念的碳酸香味。為了製作這麼獨特的餅乾頗費工夫，首先，要將奶油隔水加熱至半融化，之後用打蛋器攪拌混合成乳霜狀。乍看之下，隔水加熱完全融化的奶油，其成分似乎已融合成均勻美麗的液體，但事實上，它的乳脂肪成分和水分等卻已經分離，成為完全不連結的狀態。可是，如果奶油融化到外形還殘留一半時就混合，半融化的奶油成為融合的契機，奶油整體會結合成富光澤的漂亮乳霜狀。在法國，稱為「乳霜（Pommade）狀」的奶油狀態有其範圍，這裡是指較稀軟的乳霜狀。有光澤的乳霜狀奶油外觀看起來似乎非常細滑，不過確實如此，麵粉形成超出所需的麩質想要讓麵糊緊密黏結時，也需要這個光澤的奶油發揮潤滑麵糊的作用。正因為如此，烤好餅乾才有酥鬆爽口的口感。烘烤前圓形的「濃縮咖啡餅乾」的麵團直徑約2～3cm。不過，烤好後直徑會擴展成大約6cm。它和利用蛋力使麵糊一面烘烤，一面膨起的甜點不同，這個餅乾是利用蘇打的氣泡向側面擴展的甜點。蘇打受熱反應明顯，麵糊在烤箱中雖然也會向上膨起，不過那只有很短的時間。氣泡釋出水蒸氣蒸發後，麵團的高度自然會扁塌，而且形成的麩質也很少，所以能烤出那樣大直徑的酥鬆餅乾。

蘇打粉還具有使餅乾呈現褐色色調，及增加可口的香氣的作用。就像煎肉時用平底鍋煎出焦褐色，以散發誘人的香味一般。此外，味噌用的釀造大豆隨著熟成變成褐色後，也同樣能醞釀出美味的香味。

蛋白質和糖混合引起的反應，稱為梅納反應（褐變反應）。通常要經過許多天才會慢慢產生反應，不過加熱後，麵團的鹼性增強，反應速度自然會加快。蘇打粉又名碳酸氫鈉為鹼性物質，所以這個餅乾麵團很容易產生梅納反應。而且，這裡使用的砂糖和蛋糕捲一樣是上白糖。上白糖是在蔗糖中加入轉化糖所製成，不過這個轉化糖更容易產生梅納反應。濃縮咖啡餅乾的食譜（第58～59頁）中，因為還加入即溶咖啡，烤好後的顏色或許很難看出梅納反應，不過餅乾散發出挑人食欲的誘人香味。那，正是我的企圖——讓人興起懷念之情的金黃色香味。就如同銅鑼燒、碳酸煎餅一樣，特色是入口即化。

順帶一提，我烤的餅乾中，也有像京城石疊（第100頁）及花形巧克力（第116頁）那樣，奶油沒融化，不使用蘇打的類型。此外，除了融化成乳霜狀的奶油外，還有以打蛋器攪打回軟奶油，或用手揉搓麵粉中加冰涼奶油等，使用各種狀態的奶油製作的餅乾，另外還有蛋白霜麵糊等。

花形巧克力餅乾的麵團和塔的麵團（第50頁），的配方大致相同。就像這個碳酸餅乾般具有酥、鬆、脆的口感不變，但因為它沒有使用蘇打，所以完成的麵糊有點稠密。因此，建議拿來製作以切模做的喜愛造型餅乾，或是表面平坦光滑的餅乾。所謂的酥餅（Galette）也是烘烤成扁圓形的餅乾。本書中烤得較大的稱之為酥餅。一個就能讓人充分品味。

這是口感酥鬆，具有輕盈空氣感的餅乾。
隱約散發出的日本風味，源自上白糖醞釀出的懷念、甜美香味。
融口性佳，搭配熱紅茶或咖啡，能享受無與倫比的餘韻。

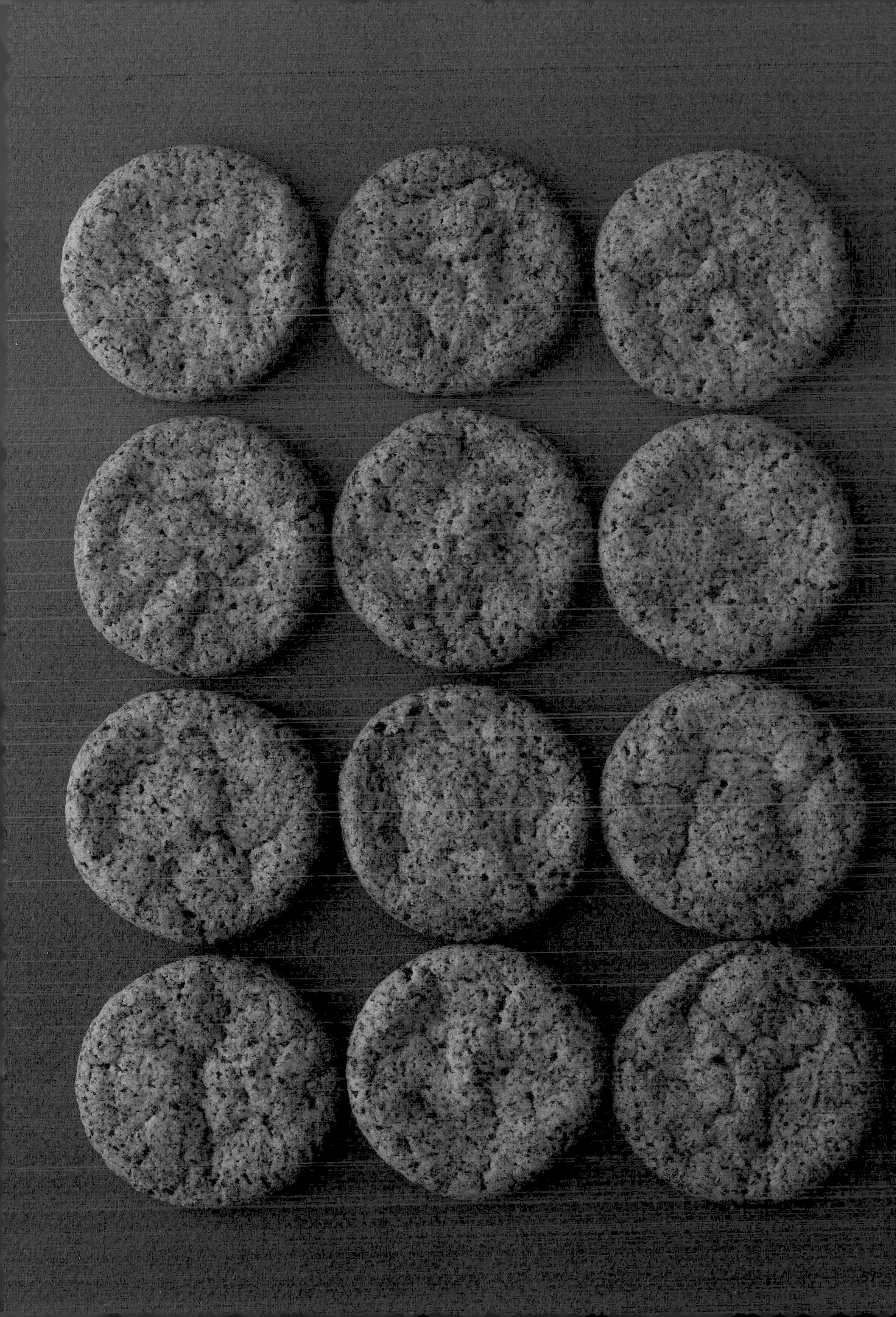

SABLE

酥鬆
濃縮咖啡餅乾

材料（直徑6cm大　約60個份）

◉麵團

奶油　　　　130g
上白糖　　　　250g
全蛋　　　1個
低筋麵粉　　　250g
蘇打粉　　　2小匙
★混合過篩。

即溶咖啡（粉末）　　10g

奶油混成乳霜狀

◉麵團／奶油和蛋融為一體

1　在鋼盆中放入切小塊的奶油，隔水加熱融化。融化至一半後拿掉熱水盆，用打蛋器攪拌混合成乳霜狀。

2　在1中分2次加入上白糖，充分混合後，加入打散的全蛋混合。

★使用上白糖，才能透過梅納反應產生令人懷念的可口香味。

★用打蛋器攪拌混合使其融為一體。

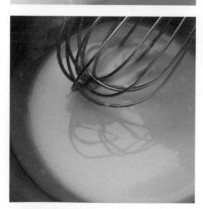

★奶油攪打成乳霜狀，這是奶油在沒出水的最佳狀態下結合，因為能抑制之後加入的麵粉麩質的形成，麵團容易變得更滑潤。奶油若完全融化，餅乾烤好後會變硬，口感變差，這點請注意。

揉圓後烘烤

3　換至大鍋盆中，已篩過的粉類再一面過篩，一面加入，加入即溶咖啡後用攪拌匙如切割般混拌，充分攪拌混合成無粉末感為止。

4　3的麵團此時柔軟黏稠。因為在步驟5中會受手溫的影響，所以先放入冷藏室使其鬆弛，直到變得容易處理。

3

★低筋麵粉中混入蘇打粉，是為了讓麵團在烤箱橫向膨脹。

★為了儘量不產生麩質，用攪拌匙如切割般混合粉類。

○成形、烘烤／用手掌揉圓

5　將4的麵團計量每團10g，用手掌揉圓，保持充分的間隔排放在鋪了烤焙墊的烤盤中，用手指壓扁。

6　放入加熱至170℃的烤箱中約烤18分鐘。

5

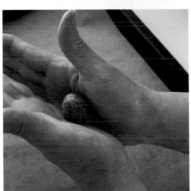

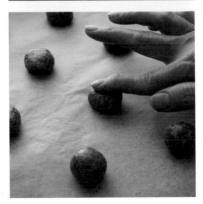

6

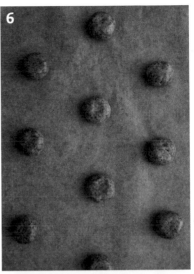

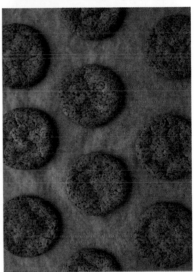

★烘烤後，因麵團中的氣泡變大橫向擴展開來，呈現酥鬆的口感。

Midi Après-midi 的甜點　食譜集

Midi Après-midi 的代表性烘焙甜點中，
除了主要的花神蛋糕捲外，
還有方塊蛋糕、塔和餅乾。
每一種都深受大眾的喜愛，
我從各類甜點中整編出
在家也容易製作的食譜獻給你。
共33種本店著名的特產甜點。
請各位務必在家享受我的甜點世界。

箭羽花神

雖然只用咖啡精描繪圖案，就能讓蛋糕捲增添豪華感。
箭羽圖對我來說特別有意義，它是我和母親從前常吃的甜點上的圖樣。

材料（長30cm大　1條份）

●舒芙蕾蛋糕體

蛋黃	6個份
蛋白	5個份
上白糖	100g
低筋麵粉	50g

★過篩。

奶油　　50g

●咖啡液

蛋黃　　1個份

咖啡精（即溶咖啡粉5大匙用1大匙開水調勻）　　1大匙

★融合兩者製成咖啡液。

●甘納許內餡

白巧克力	50g
鮮奶油	150ml

★前一天完成，鬆弛備用。（作法參照第24頁）

●舒芙蕾蛋糕體

1　在鋼盆中放入蛋黃，加少量上白糖，攪打發泡直到泛白變黏稠為止。

2　在大鋼盆中放入蛋白，一次加入剩餘的上白糖，待白砂糖充分融化後開始打發，製成極細緻的蛋白霜。

3　用打蛋器舀取蛋白霜，一面橫向搖晃，一面讓蛋白霜流下。若流下的蛋白霜能呈現明顯的痕跡，再加入1混合至均勻為止。

4　已篩過的低筋麵粉再一面過篩，一面加入其中，用橡皮刮刀充分混合直到麵糊泛出光澤為止。

5　將以熱水隔水融化的奶油如倒到橡皮刮刀上面般加入，用刮刀如從盆底舀取般將麵糊混合均勻。

6　在鋪了烤焙紙的烤盤上，從高處慢慢倒入麵糊，用刮刀刮平表面，叩擊烤盤底部讓空氣釋出。在紙製擠花袋中裝入咖啡液，前端剪2〜3mm的切口，在麵糊上如斜向畫線般擠上咖啡液（圖**A**），和線保持垂直用竹籤畫條紋（圖**B**），描繪出箭羽圖樣。放入加熱至200℃的烤箱中約烤12分鐘。

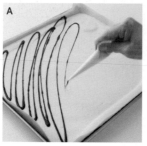
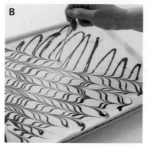
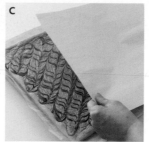
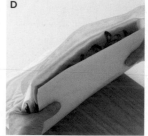

●捲包內餡

7　將前一天放在冷藏庫鬆弛備用的甘納許內餡打發成八分發。

8　舒芙蕾蛋糕體烤好後，從烤盤中取出放在墊板上，撕開豎起部分的烤焙紙，抽出已鋪在底下的兩層紙蓋在蛋糕上（圖**C**）。待蛋糕變涼後上下翻面，撕掉底紙（圖**DE**），烤色面朝下。

9　在8的蛋糕起捲處，用橡皮刮刀放上7的甘納許內餡，用抹刀均勻塗抹至終捲處前2cm為止。

10　為避免蛋糕有空隙，先用手指將蛋糕緊密捲一圈，再用手掌如包覆般捲包（圖**FG**）。

11　蛋糕捲到最後連同墊板回轉至面前，再從尾端連紙一起捲包蛋糕，捲好後放入冷藏庫鬆弛20〜30分鐘。

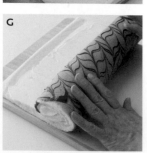

芝麻花神

這個蛋糕捲烤好後散發無與倫比的香味。內餡中因混入了芝麻醬，
還能享受到濃厚的日本風味。蛋糕捲捲包時外觀要能清楚看到芝麻。

材料（長30cm大 1條份）

●舒芙蕾蛋糕體

蛋黃	6個份
蛋白	5個份
上白糖	100g
低筋麵粉	50g

★過篩。

奶油	50g
炒白芝麻（芝麻粉）	1大匙
炒白芝麻粒	1大匙

●甘納許內餡

白巧克力	50g
鮮奶油	150ml

★前一天完成，鬆弛備用。（作法參照第24頁）

芝麻醬	20g

●舒芙蕾蛋糕體

1 在鋼盆中放入蛋黃，加少量上白糖，攪打發泡直到泛白變黏稠為止。

2 在大鋼盆中放入蛋白，一次加入剩餘的上白糖，待白砂糖充分融化後開始打發，製成極細緻的蛋白霜。

3 用打蛋器舀取蛋白霜，一面橫向搖晃，一面讓蛋白霜流下。若流下的蛋白霜能呈現明顯的痕跡，再加入1混合至均勻為止。

4 已篩過的低筋麵粉再一面過篩，一面加入其中，接著加芝麻粉（圖A），用橡皮刮刀充分混合直到麵糊泛出光澤為止（圖B）。

5 以熱水隔水融化的奶油如倒到橡皮刮刀上面般加入，用刮刀如從盆底舀取般將麵糊混合均勻。

6 在鋪了烤焙紙的烤盤上撒上炒芝麻粒，從高處慢慢倒入麵糊（圖C）。用刮刀刮平表面（圖D），叩擊烤盤底部讓空氣釋出。放入加熱至200℃的烤箱中約烤12分鐘。

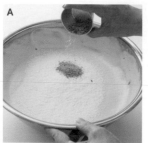

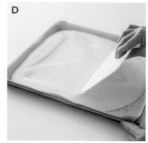

●捲包內餡

7 將前一天放在冷藏庫鬆弛備用的甘納許內餡打發成六分發，加芝麻醬（圖E），再打發成八分發。

8 舒芙蕾蛋糕體烤好後，從烤盤中取出放在墊板上，撕開豎起部分的烤焙紙，抽出已鋪在底下的兩層紙蓋在蛋糕上。待蛋糕變涼後上下翻面，撕掉底紙（圖F），蓋上新紙（烤盤底部的大小），再次上下翻面讓烤色面朝上。

9 在8的蛋糕起捲處，用橡皮刮刀放上7的甘納許內餡，用抹刀均勻塗抹至終捲處前2cm為止。

10 為避免蛋糕有空隙，先用手指將蛋糕緊密捲一圈，再用手掌如包覆般捲包（圖G）。

11 蛋糕捲到最後連同墊板回轉至面前，再從尾端連紙一起捲包蛋糕，捲好後放入冷藏庫鬆弛20～30分鐘。

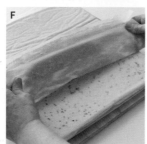
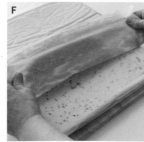

抹茶花神

這款花神蛋糕捲具有抹茶特有的濃郁芳香和些微的苦味，誘人高雅的風味中，
散發蛋與奶油的華美香味。這款花神請務必搭配美味的煎茶一起享用。

材料（長30cm大　1條份）

●舒芙蕾蛋糕體

蛋黃	6個份
蛋白	5個份
上白糖	100g
低筋麵粉	50g
抹茶	6g

★混合過篩。

奶油　　　50g

●甘納許內餡

白巧克力	50g
鮮奶油	150ml

★前一天完成，鬆弛備用。（作法參照第24頁）

抹茶	2g
開水	1大匙

★混合融解備用。

紅豆沙　　　100g

●舒芙蕾蛋糕體

1 在鋼盆中放入蛋黃，加少量上白糖，攪打發泡直到泛白變黏稠為止。

2 在大鋼盆中放入蛋白，一次加入剩餘的上白糖，待白砂糖充分融化後開始打發，製成極細緻的蛋白霜。

3 用打蛋器舀取蛋白霜，一面橫向搖晃，一面讓蛋白霜流下。若流下的蛋白霜能呈現明顯的痕跡，再加入 **1** 混合至均勻為止。

4 已混合篩過的粉類再一面過篩，一面加入其中（圖**A**），用橡皮刮刀充分混合直到麵糊泛出光澤為止。

5 以熱水隔水融化的奶油如倒到橡皮刮刀上面般加入（圖**B**），用刮刀如從盆底舀取般將麵糊混合均勻。

6 在鋪了烤焙紙的烤盤上，從高處慢慢倒入麵糊（圖**C**），用刮刀刮平表面，叩擊烤盤底部讓空氣釋出。放入加熱至200℃的烤箱中約烤12分鐘。

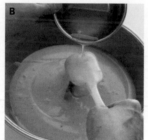

●捲包內餡

7 將前一天放在冷藏庫鬆弛備用的甘納許內餡打發成六分發，加入用開水融解抹茶（圖**D**），再打發成八分發。

8 舒芙蕾蛋糕體烤好後，從烤盤中取出放在墊板上，撕開豎起部分的烤焙紙，抽出已鋪在底下的兩層紙蓋在蛋糕上。待蛋糕變涼後上下翻面，撕掉底紙，蓋上新紙（烤盤底部的大小），再次上下翻面讓烤色面朝上。

9 在 **8** 的蛋糕起捲處，用橡皮刮刀放上 **7** 的甘納許內餡，用抹刀均勻塗抹至終捲處前2cm為止（圖**E**）。

10 將紅豆沙裝入加了單側鋸齒花嘴的擠花袋中，在內餡上間隔擠上3條（圖**F**）。為避免蛋糕有空隙，先用手指將蛋糕緊密捲一圈，再用手掌如包覆般捲包（圖**G**）。

11 蛋糕捲到最後連同墊板回轉至面前，再從尾端連紙一起捲包蛋糕，放入冷藏庫鬆弛20～30分鐘。

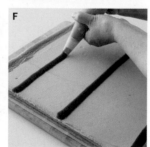
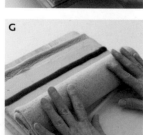

櫻桃花神

為了搭配散發白蘭地香味的酸櫻桃，在舒芙蕾蛋糕體中加入可可，展現相得益彰的成人風味。
雖然蛋糕體內、外的顏色有些許差異，不過最好在顏色深的那面塗抹內餡捲包。

材料（長30cm大　1條份）

○舒芙蕾蛋糕體

蛋黃	6個份
蛋白	5個份
上白糖	100g
低筋麵粉	50g
可可粉	10g

★混合過篩。

奶油	50g

○甘納許內餡

白巧克力	50g
鮮奶油	150ml

★前一天完成，鬆弛備用。（作法參照第24頁）

酸櫻桃（Griotte cherry；以洋酒醃漬切末）　40g

○舒芙蕾蛋糕體

1 在鋼盆中放入蛋黃，加少量上白糖，攪打發泡直到泛白變黏稠為止。

2 在大鋼盆中放入蛋白，一次加入剩餘的上白糖，待白砂糖充分融化後開始打發，製成極細緻的蛋白霜。

3 用打蛋器舀取蛋白霜，一面橫向搖晃，一面讓蛋白霜流下。若流下的蛋白霜能呈現明顯的痕跡，再加入1混合至均勻為止。

4 已混合篩過的粉類再一面過篩，一面加入其中（圖A），用橡皮刮刀充分混合直到麵糊泛出光澤為止（圖B）。

5 以熱水隔水融化的奶油如倒到橡皮刮刀上面般加入，用刮刀如從盆底舀取般將麵糊混合均勻。

6 在鋪了烤焙紙的烤盤上，從高處慢慢倒入麵糊（圖C），用刮刀刮平表面（圖D），叩擊烤盤底部讓空氣釋出。放入加熱至200℃的烤箱中約烤12分鐘。

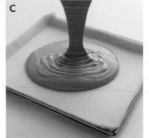

○捲包內餡

7 將前一天放在冷藏庫鬆弛備用的甘納許內餡打發成六分發，加入酸櫻桃，用橡皮刮刀混合（圖E）。

8 舒芙蕾蛋糕體烤好後，從烤盤中取出放在墊板上，撕開豎起部分的烤焙紙，抽出已鋪在底下的兩層紙蓋在蛋糕上。待蛋糕變涼後上下翻面，撕掉底紙，蓋上新紙（烤盤底部的大小），再次上下翻面讓烤色面朝上。

9 在8的蛋糕起捲處，用橡皮刮刀放上7的甘納許內餡，用抹刀均勻塗抹至終捲處前2cm為止（圖F）。

10 為避免蛋糕有空隙，先用手指將蛋糕緊密捲一圈，再用手掌如包覆般捲包。

11 蛋糕捲到最後連同墊板回轉至面前，再連紙一起捲包蛋糕（圖G），放入冷藏庫鬆弛20～30分鐘。

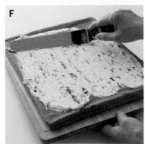

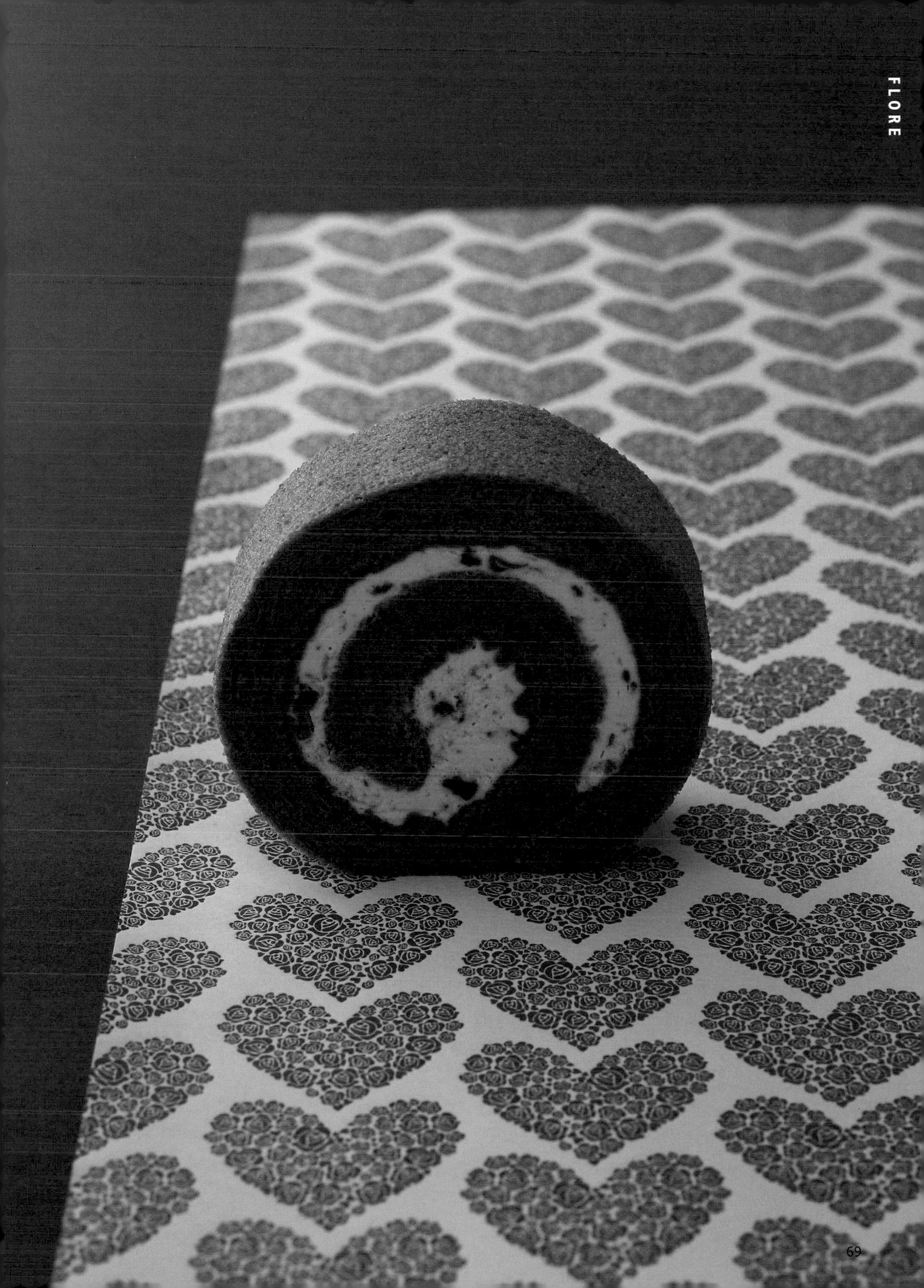

咖啡大理石花神

這個蛋糕捲不論舒芙蕾蛋糕或內餡都能讓人充分感受到咖啡風味。
蛋糕的圖樣每天變化莫測，那偶然形成的美麗紋樣令人感動。

材料（長30cm大　1條份）

◎舒芙蕾蛋糕體

蛋黃	6個份
蛋白	5個份
上白糖	100g
低筋麵粉	50g

＊過篩。

奶油	50g
咖啡精（即溶咖啡粉5大匙用1大匙開水調勻）	1大匙

◎甘納許內餡

白巧克力	50g
鮮奶油	150ml

＊前一天完成，鬆弛備用。（作法參照第24頁）

咖啡精	1大匙

◎舒芙蕾蛋糕體

1 在鋼盆中放入蛋黃，加少量上白糖，攪打發泡直到泛白變黏稠為止。

2 在大鋼盆中放入蛋白，一次加入剩餘的上白糖，待白砂糖充分融化後開始打發，製成極細緻的蛋白霜。

3 用打蛋器舀取蛋白霜，一面橫向搖晃，一面讓蛋白霜流下。若流下的蛋白霜能呈現明顯的痕跡，再加入1混合至均勻為止。

4 已篩過的低筋麵粉再一面過篩，一面加入其中，用橡皮刮刀充分混合直到麵糊泛出光澤為止。

5 以熱水隔水融化的奶油如倒到橡皮刮刀上面般加入，用刮刀如從盆底舀取般將麵糊混合均勻，加入咖啡精大幅度混合數次以形成大理石圖樣（圖AB）。

6 在鋪了烤焙紙的烤盤上，從高處慢慢倒入麵糊（圖C），用刮刀刮平表面（圖D），叩擊烤盤底部讓空氣釋出。放入加熱至200℃的烤箱中約烤12分鐘。

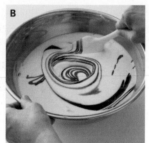
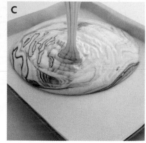
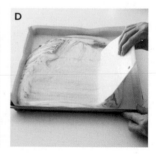

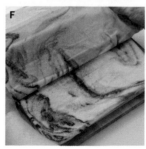

◎捲包內餡

7 將前一天放在冷藏庫鬆弛備用的甘納許內餡打發成六分發，加入咖啡精（圖E），再打發成八分發。

8 舒芙蕾蛋糕體烤好後，從烤盤中取出放在墊板上，撕開豎起部分的烤焙紙，抽出已鋪在底下的兩層紙蓋在蛋糕上。待蛋糕變涼後上下翻面，撕掉底紙，（圖F），蓋上新紙（烤盤底部的大小），再次上下翻面讓烤色面朝上。

9 在8的蛋糕起捲處，用橡皮刮刀放上7的甘納許內餡，用抹刀均勻塗抹至終捲處前2cm為止。

10 為避免蛋糕有空隙，先用手指將蛋糕緊密捲一圈，再用手掌如包覆般捲包（圖G）。

11 蛋糕捲到最後連同墊板回轉至面前，再連紙一起捲包蛋糕，放入冷藏庫鬆弛20～30分鐘。

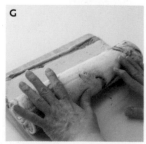

柳橙花神

一口咬下蛋糕，橙皮特有的柔和香味瞬間撲鼻而來。
內餡中使用的柳橙醬是橙皮、果汁和砂糖一起熬煮而成，質地細滑。

材料（長30cm大　1條份）

●舒芙蕾蛋糕體

蛋黃	6個份
蛋白	5個份
上白糖	100g
低筋麵粉	50g

★過篩。

奶油	50g
糖漬橙皮（切末）	50g

★用開水清洗一下，瀝除水分。

●甘納許內餡

白巧克力	50g
鮮奶油	150ml

★前一天完成，鬆弛備用。（作法參照第24頁）

柳橙醬	20g

●舒芙蕾蛋糕體

1　在鋼盆中放入蛋黃，加少量上白糖，攪打發泡直到泛白變黏稠為止。

2　在大鋼盆中放入蛋白，一次加入剩餘的上白糖，待白砂糖充分融化後開始打發，製成極細緻的蛋白霜。

3　用打蛋器舀取蛋白霜，一面橫向搖晃，一面讓蛋白霜流下。若流下的蛋白霜能呈現明顯的痕跡，在1中加糖漬橙皮用橡皮刮刀混合後（圖**A**）再加入，混合至均勻為止。

4　已篩過的低筋麵粉再一面過篩，一面加入其中，用橡皮刮刀充分混合直到麵糊泛出光澤為止。

5　以熱水隔水融化的奶油如倒到橡皮刮刀上面般加入，用刮刀如從盆底舀取般將麵糊混合均勻。

6　在鋪了烤焙紙的烤盤上，從高處慢慢倒入麵糊（圖**B**），用刮刀刮平表面（圖**C**），叩擊烤盤底部讓空氣釋出。放入加熱至200℃的烤箱中約烤12分鐘。

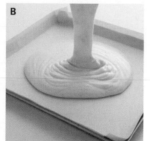
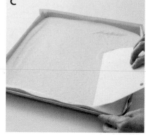
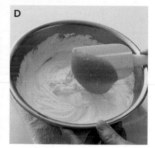

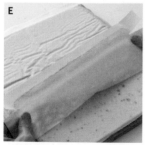

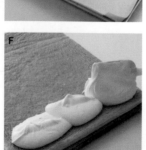

●捲包內餡

7　將前一天放在冷藏庫鬆弛備用的甘納許內餡打發成六分發，加入柳橙醬（圖**D**），再打發成八分發。

8　舒芙蕾蛋糕體烤好後，從烤盤中取出放在墊板上，撕開豎起部分的烤焙紙，抽出已鋪在底下的兩層紙蓋在蛋糕上。待蛋糕變涼後上下翻面，撕掉底紙（圖**E**），蓋上新紙（烤盤底部的大小），再次上下翻面讓蛋糕色面朝上。

9　在8的蛋糕起捲處，用橡皮刮刀放上7的甘納許內餡（圖**F**），用抹刀均勻塗抹至終捲處前2cm為止。

10　為避免蛋糕有空隙，先用手指將蛋糕緊密捲一圈，再用手掌如包覆般捲包。

11　蛋糕捲到最後連同墊板回轉至面前，再從尾端連紙一起捲包蛋糕（圖**G**），放入冷藏庫鬆弛20～30分鐘。

無花果蛋糕

在口感濕潤的蛋糕上，還有豐潤的無花果果醬。
也可以搭配富丹寧酸的紅葡萄酒及優質白蘭地，是一款專為成人設計的甜點。

材料（21cm長方形模型　1個份）

◎蛋糕體

蛋白	3個份
白砂糖	120g
奶油	200g
糖粉	100g
蛋黃	3個份
甜巧克力	100g
蜜煮無花果	200g
低筋麵粉	150g
杏仁粉	100g
泡打粉	1又1/2小匙
鹽	1/2小匙

★混合過篩。

◎蜜煮無花果

無花果乾	120g
葡萄汁	80ml
君度橙酒（Cointreau）	10ml

◎蜜煮無花果

1　無花果乾切小塊後放入鍋中，加葡萄汁以中火煮到水分收乾。

2　待涼後加君度橙酒混勻。

◎蛋糕體

3　在鋼盆中放入蛋白，用手持式攪拌機打散，分數次加入白砂糖，打發成尖端能豎起的硬挺蛋白霜（圖**A**）。

4　在別的鋼盆中放入已在室溫下回軟的奶油，用打蛋器充分攪拌，分數次加入糖粉，打發至膨軟為止。

5　加入蛋黃混合，再加入經隔水加熱已融化的甜巧克力混合（圖**B**）。

6　加入半量的**3**的蛋白霜（圖**C**），用打蛋器大幅度混合，換到大鋼盆中。加入蜜煮無花果50g，剩餘的保存備用（圖**D**），用攪拌匙混合。

7　已篩過的粉類再一面過篩，一面加入其中混合，加入剩餘的蛋白霜（圖**E**）仔細混合（圖**F**）。

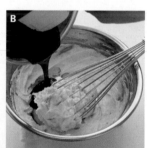

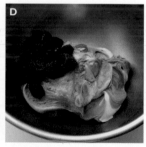

◎成形、烘烤

8　在鋪了烤焙紙的烤盤中放入模型，倒入麵糊用刮刀刮平表面，上面再均勻放滿保留備用的蜜煮無花果。放入加熱至180℃的烤箱中約烤20分鐘，再降溫至170℃約烤30分鐘。

9　烤好後用刀插入蛋糕和模型之間讓蛋糕脫模，待蛋糕變涼後從烤盤中取出，切掉蛋糕的邊端，再切成8×4cm的大小。

林茲蛋糕

這個蛋糕的靈感來自用肉桂粉和覆盆子果醬製作的奧地利傳統甜點。
因為表面還斜向擠上格狀麵糊，蛋糕不論烤好或分切後外觀都很可愛。

材料（21cm長方形模型　1個份）

○蛋糕體

奶油	200g
糖粉	200g
全蛋	2個
鮮奶	30ml
蘭姆酒	20ml
杏仁粉	80g
榛果粉	80g
低筋麵粉	100g
肉桂粉	5g
肉荳蔻粉	3g
鹽	5g

★混合過篩。

糖酥（cake crumb）	150g

○其他

覆盆子果醬	100g
杏仁片	適量

○糖酥

1　製作奶油為底的巧克力麵糊或香草麵糊（參照第104頁）烘烤後，用網篩過濾備用。有剩餘的香草麵糊也可以保留備用。

○蛋糕體

2　在鋼盆中放入已在室溫下回軟的奶油，用打蛋器充分攪拌，分數次加入糖粉，打發至膨軟為止。

3　打散的全蛋隔水加熱至人體體溫的程度，分數次加入1中，每次加入都要和奶油充分混勻。

4　在別的鋼盆中放入鮮奶和蘭姆酒，隔水加熱至人體體溫的程度，分2次加入3中混合（圖**A**）。

5　將4換到大鋼盆中，已用網篩篩過的粉類一面過篩，一面加入其中，也加入糖酥用攪拌匙如切割般混拌，充分混拌至無粉末感，泛出光澤為止（圖**B**）。

 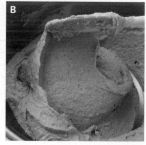  

○成形、烘烤

6　將5的麵糊100g裝入加了直徑7mm的星形花嘴的擠花袋中備用。在鋪了烤焙墊的烤盤中放入模型，放入5剩餘的麵糊，用刮刀刮平表面。

7　在6上放上覆盆子果醬，用刮刀塗滿整體（圖**CD**），裝入擠花袋中備用的麵糊擠成格子花樣（圖**E**），散放上杏仁片（圖**F**），放入加熱至170℃的烤箱中約烤1小時。

8　烤好後用刀插入蛋糕和模型之間讓蛋糕脫模，待蛋糕變涼後從烤盤中取出，切掉蛋糕的邊端，再切成8×4cm的大小。

金合歡蛋糕（Mimosa）

能享受糖漬橙皮風味的金合歡蛋糕，和第38頁介紹以咕咕洛夫模型製作的橙香蛋糕的作法相同。這個蛋糕中使用更大量的奶油和糖漬橙皮。

材料（21cm長方形模型　1個份）

○蛋糕體

奶油	200g
糖粉	160g
全蛋	3個
糖漬橙皮	250g

★糖漬橙皮切成寬5mm×長5～6cm的條狀共12條，剩餘的切碎備用。

君度橙酒	60ml
水飴	30g
低筋麵粉	160g
杏仁粉	60g
泡打粉	2小匙
鹽	1/2小匙

★混合過篩。

○君度橙酒糖漿

水	100ml
白砂糖	100g
君度橙酒	30ml

○君度橙酒糖漿

1 在鍋裡放入水和白砂糖，開中火煮沸，直接放涼備用。

2 在完成的糖漿30ml中加入君度橙酒30ml備用。

○蛋糕體

3 在鋼盆中放入已在室溫下回軟的奶油，用打蛋器充分攪拌，分數次加入糖粉，打發至膨軟為止。

4 打散的全蛋隔水加熱至人體體溫的程度，分數次加入，每次加入都要和奶油充分混勻。

5 在別的鋼盆中加入切碎的糖漬橙皮、君度橙酒和水飴，隔水加熱至人體體溫的程度，加入4中混合。

6 將5換到大鋼盆中，已篩過的粉類再一面過篩，一面加入其中。用攪拌匙如切割般混拌，充分混拌至無粉末感，泛出光澤為止。

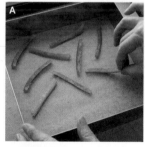
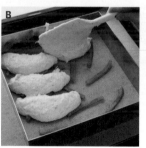
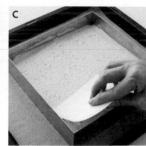

○成形、烘烤

7 在鋪了烤焙墊的烤盤中放入模型，均勻放入備用的條狀糖漬橙皮（圖**A**）。再倒入麵糊，用刮刀刮平表面（圖**BC**），放入加熱至180℃的烤箱中約烤20分鐘，再降溫至160℃約烤30分鐘。

8 烤好後用刀插入蛋糕和模型之間讓蛋糕脫模（圖**D**），蓋上墊板上下翻面，趁熱用毛刷塗上君度橙酒糖漿（圖**E**）。待蛋糕變涼後，切掉蛋糕的邊端，再切成8×4cm的大小。

丹迪蛋糕（Dundee）

丹迪蛋糕紅紅綠綠的醃漬櫻桃醒目吸睛。
蛋糕體中加入各式各樣的水果乾、香料和酒，烤好後口感濕潤、香味豐盈。

材料（21cm長方形模型　1個份）

●蛋糕體

奶油	200g
糖粉	160g
全蛋	3個
蘭姆酒	15ml
蜂蜜	20g
焦糖	15g
醃漬水果	250g
低筋麵粉	230g
泡打粉	2小匙
鹽	1/2小匙

★混合過篩。

●醃漬水果（取成品250g使用）

葡萄乾	600g
糖漬橙皮	100g
蜜煮蘋果	
蘋果	1/2個
白砂糖	1大匙
奶油	5g
香蕉	1/2條
肉桂粉	2小匙
丁香	1/2小匙
肉荳蔻粉	1/2小匙
白蘭地	80ml
蘭姆酒	60ml

●其他

白蘭地	60ml
醃漬櫻桃	50g

●醃漬水果

1 製作蜜煮蘋果。在鍋裡放入去皮、切扇形片的蘋果和白砂糖混合，加奶油以中火加熱。蘋果煮軟後，轉小火再煮一下。煮到水分收乾後離火，放涼備用。

2 在鋼盆中放入葡萄乾、糖漬橙皮、1的蜜煮蘋果、粗切末的香蕉混合合，加入剩餘的材料再用木匙充分混合（圖A）。

3 裝入乾淨的保存瓶中置於陰涼處。不時將瓶子上下翻面醃漬1週以上的時間。

●蛋糕體

4 在鋼盆中放入已在室溫下回軟的奶油，用打蛋器充分攪拌混合，分數次加入糖粉，打發至膨軟為止。

5 打散的全蛋隔水加熱至人體體溫的程度，分數次加入，每次加入都要和奶油充分混勻。

6 在別的鋼盆中放入蘭姆酒、蜂蜜和焦糖，隔水加熱至人體體溫的程度，加入5中混合（圖B）。

7 將6換到大鋼盆中，加入醃漬水果混合。將已篩過的粉類再一面過篩，一面加入其中，用攪拌匙如切割般混拌，充分混拌至無粉末感，泛出光澤為止（圖C）。

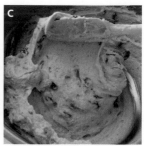

●成形、烘烤

8 在鋪了烤焙墊的烤盤中放入模型，倒入麵糊用刮刀刮平表面，放入加熱至180℃的烤箱中約烤20分鐘，再降溫至160℃約烤30分鐘。

9 烤好後趁熱用毛刷塗上白蘭地（圖D），用刀插入蛋糕和模型之間讓蛋糕脫膜。

10 待蛋糕變涼後從烤盤中取出，切掉蛋糕的邊端，再切成8×4cm的大小。將醃漬櫻桃切半，一片片裝飾在蛋糕上（圖E）。

楓糖蛋糕

麵團中混入明亮（Medium）或琥珀（Amber）等級的楓糖漿，是一款具獨特香甜味的蛋糕。
奶酥中還加入楓糖增加口感的變化。

材料（21cm長方形模型　1個份）

●蛋糕體

奶油	200g
楓糖	80g
糖粉	80g

★混合備用。

全蛋	3個
蘭姆酒	15ml
鮮奶油	20ml
蜂蜜	15g
楓糖漿	20g
葡萄乾	60g
蘭姆酒	30ml

★製作蘭姆酒醃漬葡萄乾。

低筋麵粉	160g
杏仁粉	60g
泡打粉	2小匙
鹽	1/2小匙

★混合過篩。

●奶酥

杏仁粉	30g
低筋麵粉	30g
楓糖	40g
奶油	40g

●其他

白蘭地	60ml

●蘭姆酒醃漬葡萄乾

1　將葡萄乾放入蘭姆酒中浸漬1小時以上，再切末。

●奶酥

2　在鋼盆中放入所有材料混合。在奶油中一面撒入粉類，一面用手捏碎奶油，讓整體變成鬆散狀。

●蛋糕體

3　在鋼盆中放入已在室溫下回軟的奶油，用打蛋器充分攪拌，分數次加入砂糖打發至膨軟為止。

4　打散的全蛋隔水加熱至人體體溫的程度，分數次加入，每次加入都要和奶油充分混勻。

5　在別的鋼盆中放入蘭姆酒、鮮奶油、蜂蜜和楓糖漿，隔水加熱至人體體溫的程度，加入4中混合（圖A）。

6　加入1的蘭姆酒醃漬葡萄乾，用打蛋器混合（圖B），換到大鋼盆中。已篩過的粉類再一面過篩，一面加入其中，用攪拌匙如切割般混拌，充分混拌至無粉末感，泛出光澤為止。

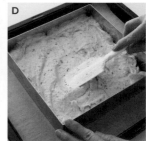

●成形、烘烤

7　在鋪了烤焙墊的烤盤中放入模型，倒入麵糊用刮刀刮平表面（圖CD），上面均勻撒滿2的奶酥（圖E），放入加熱至180℃的烤箱中約烤20分鐘，再降溫至160℃約烤30分鐘。

8　烤好後趁熱用毛刷塗上白蘭地，用刀插入蛋糕和模型之間讓蛋糕脫膜。待蛋糕變涼後從烤盤中取出，切掉蛋糕的邊端，再切成8×4cm的大小（圖F）。

栗子蛋糕

這個蛋糕雖然使用附澀皮的栗子，但重點是呈現成人的風味。
麵糊中混入蘭姆酒，最後還塗上白蘭地，使蛋糕充滿洋酒的香味。

材料（21cm長方形模型　1個份）

◎蛋糕體

奶油	200g
上白糖	40g
糖粉	120g

★混合備用。

全蛋	3個
蘭姆酒	20ml
鮮奶油	20ml
蜂蜜	20g
香草精	適量
糖煮澀皮栗（市售品）	180g

低筋麵粉	160g
杏仁粉	60g
泡打粉	2小匙
鹽	1/2小匙

★混合過篩。

◎其他

白蘭地	60ml

◎蛋糕體

1　在鋼盆中放入已在室溫下回軟的奶油，用打蛋器充分攪拌混合，分數次加入砂糖，打發至膨軟為止。

2　打散的全蛋隔水加熱至人體體溫的程度，分數次加入，每次加入都要和奶油充分混勻。

3　在別的鋼盆中放入蘭姆酒、鮮奶油、蜂蜜和香草精，隔水加熱至人體體溫的程度，加入**2**中混合。

4　將**3**換到大鋼盆中，用手捏碎的糖煮澀皮栗150g，用攪拌匙混合（圖**ABC**）。

5　已篩過的粉類再一面過篩，一面加入其中，用攪拌匙如切割般混拌，充分混拌至無粉末感，泛出光澤為止（圖**D**）。

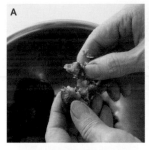

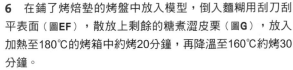

◎成形、烘烤

6　在鋪了烤焙墊的烤盤中放入模型，倒入麵糊用刮刀刮平表面（圖**EF**），散放上剩餘的糖煮澀皮栗（圖**G**），放入加熱至180℃的烤箱中約烤20分鐘，再降溫至160℃約烤30分鐘。

7　烤好後趁熱用毛刷塗上白蘭地，用刀插入蛋糕和模型之間讓蛋糕脫模。待蛋糕變涼後從烤盤中取出，切掉蛋糕的邊端，再切成8×4cm的大小。

老祖母的塔

這是將酥脆沙布蕾塔皮、膨軟的杏仁鮮奶油及豐潤的糖煮水果乾，
三種幸福的口感融為一體的塔，是以白芝麻作為重點風味。

材料（直徑18cm的中空圈模　1個份）

●沙布蕾塔皮

奶油	120g
糖粉	100g
全蛋	1/2個份
香草油	適量
低筋麵粉	200g

★過篩。

●蘭姆葡萄乾杏仁鮮奶油

奶油	60g
糖粉	60g
全蛋	1個
葡萄乾	40g
蘭姆酒	15ml

★製作蘭姆酒醃漬葡萄乾。

香草油	適量
杏仁粉	60g
低筋麵粉	10g

★混合過篩。

●糖煮水果乾

水	200ml
白砂糖	120g
水果乾（杏桃、無花果、蜜棗）	約300g
香草莢	1/2根

●其他

堅果（烤過的杏仁、榛果）	適量
杏桃果凍膠	適量
炒白芝麻	適量

●蘭姆酒醃漬葡萄乾

1　將在蘭姆酒中醃漬1小時以上的葡萄乾切碎備用。

●糖煮水果乾

2　在鍋裡放入水和白砂糖以中火加熱，煮沸後加入水果乾、香草豆和莢。

3　水果乾煮軟後離火，放涼瀝除水分備用。

●沙布蕾塔皮

4　參照「洋梨塔」（第50頁）製作沙布蕾塔皮，成形後烘烤好。

●蘭姆葡萄乾杏仁鮮奶油

5　參照「洋梨塔」（第50頁）製作杏仁鮮奶油，加入1的蘭姆酒醃漬葡萄乾混合（圖**AB**）。

●組合後烘烤

6　在烤好已變涼的4的沙布蕾塔皮上，均勻鋪滿5的蘭姆葡萄乾杏仁鮮奶油（圖**CD**）。

7　在上面均勻放上3的糖煮水果乾（圖**E**），再散放上烤香的堅果，放入加熱至180℃的烤箱中約烤35分鐘。

8　烤好後脫模，待塔變涼後用毛刷塗上杏桃果凍膠，再撒上炒白芝麻粒（圖**F**）。

蘋果塔

薄片蘋果怎麼排才漂亮呢？每次製作甜點我都會思考如何讓裝飾技巧更進步。
這個塔能同時享受豐潤多汁的蘋果內餡，以及上面排放的蘋果片的不同口感。

材料（直徑18cm的中空圈模　1個份）

○沙布蕾塔皮

奶油	120g
糖粉	100g
全蛋	1/2個份
香草油	適量
低筋麵粉	200g

★過篩。

○杏仁鮮奶油

奶油	60g
糖粉	60g
全蛋	1個
蘭姆酒	5ml
香草油	適量
杏仁粉	60g
低筋麵粉	10g

★混合過篩。

○蜜煮蘋果

蘋果	1個
白砂糖	30g
奶油	20g
肉桂粉	適量

○其他

蘋果	2個
融化奶油	適量
白砂糖	適量
杏桃果凍膠	適量

○蜜煮蘋果

1 將去皮、切扇形片的蘋果和白砂糖放入鍋中混合，加奶油以中火煮到蘋果變軟，轉小火再煮一下（圖**A**）。

2 煮到水分收乾後（圖**B**）離火，放涼後加肉桂粉混合。

○沙布蕾塔皮

3 參照「洋梨塔」（第50頁）製作沙布蕾塔皮，成形後烘烤好。

○杏仁鮮奶油

4 參照「洋梨塔」（第50頁）製作杏仁鮮奶油。

○組合後烘烤

5 蘋果2個去皮、去果核，切片。

6 在烤好放涼的3的沙布蕾塔皮上，平鋪上4的杏仁鮮奶油。

7 平均放上1的蜜煮蘋果，再從外側一片片排放上5的切片蘋果，共排2層（圖**CD**）。

8 用毛刷在蘋果上塗上融化奶油（圖**E**），撒上白砂糖，放入加熱至180℃的烤箱中約烤約35分鐘。

9 烤好後脫模，待塔變涼後用毛刷塗上杏桃果凍膠（圖**F**）。

五色豆塔

這個塔宛如日式洋菓子般，且散發濃濃的京都風味。
為了貼近豆類的風味，杏仁鮮奶油中加入白豆餡，更添存在感。

材料（直徑18cm的中空圈模　1個份）

○沙布蕾塔皮

奶油	120g
糖粉	100g
全蛋	1/2個份
香草油	適量
低筋麵粉	200g

★過篩。

○白豆杏仁鮮奶油

奶油	60g
糖粉	60g
全蛋	1個
蘭姆酒	5ml
香草油	適量
杏仁粉	60g
低筋麵粉	10g

★混合過篩。

白豆沙（市售品）　40g

○其他

五色豆（市售品）	250g
白砂糖	適量
果凍膠（透明的）	適量
糖粉	適量

○沙布蕾塔皮

1　參照「洋梨塔」（第50頁）製作沙布蕾塔皮，成形後烘烤好。

○白豆沙杏仁鮮奶油

2　參照「洋梨塔」（第50頁）製作杏仁鮮奶油，加入白豆沙混合（圖**AB**）。

 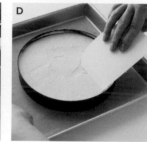

○組合後烘烤

3　在烤好放涼的1的沙布蕾塔皮上，平鋪上白豆沙杏仁鮮奶油（圖**CD**）。

4　上面再平鋪滿五色豆（圖**E**），撒上白砂糖（圖**F**），放入加熱至180℃的烤箱中約烤35分鐘。

5　烤好後脫模，待塔變涼後用毛刷塗上果凍膠，周圍撒上糖粉（圖**G**）。

杏仁塔

淋面（砂糖覆面）下隱約可見的杏仁片顯得非常神祕。
杏仁鮮奶油中混入蘭姆葡萄乾，能使蛋糕呈現酸甜、富魅力的香味。

材料（直徑18cm的中空圈模　1個份）

●沙布蕾塔皮

奶油	120g
糖粉	100g
全蛋	1/2個份
香草油	適量
低筋麵粉	200g

★過篩。

●蘭姆葡萄乾杏仁鮮奶油

奶油	60g
糖粉	60g
全蛋	1個
葡萄乾	40g
蘭姆酒	15ml

★製作蘭姆酒醃漬葡萄乾。

香草油	適量
杏仁粉	60g
低筋麵粉	10g

★混合過篩。

●淋面

糖粉	120g
蘭姆酒	30ml

●其他

杏仁片、杏桃果凍膠	各適量

●蘭姆酒醃漬葡萄乾

1　將用蘭姆酒醃漬1小時以上的葡萄乾切碎備用。

●沙布蕾塔皮

2　參照「洋梨塔」（第50頁）製作沙布蕾塔皮，成形後烘烤好。

●蘭姆葡萄乾杏仁鮮奶油

3　參照「洋梨塔」（第50頁）製作杏仁鮮奶油，加入**1**的蘭姆酒醃漬葡萄乾混合（圖**AB**）。

●組合後烘烤

4　在烤好放涼的**2**的沙布蕾塔皮上，平鋪上蘭姆葡萄乾杏仁鮮奶油（圖**C**）。

5　整體撒上杏仁片（圖**D**），放入加熱至180℃的烤箱中約烤40分鐘。

6　趁烘烤期間製作淋面。在鋼盆中篩入糖粉，再加蘭姆酒（圖**E**），用橡皮刮刀充分混拌使其泛出光澤（圖**F**）。

7　待**5**烤好後脫模，放涼後用毛刷塗上杏桃果凍膠。

8　待**7**的表面變乾後，用毛刷塗上**6**的淋面（圖**G**），放入加熱至180℃的烤箱中約烤數分鐘，直到淋面變乾呈半透明狀（圖**H**）。

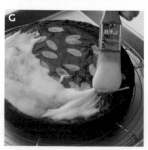
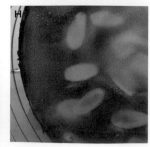

櫻桃塔

這個塔是用杏仁鮮奶油，分上、下兩層夾住酸櫻桃末。
上面還放上口感酥鬆的奶酥，入口能感受多樣化的口感。

材料（直徑18cm的中空圈模　1個份）

●沙布蕾塔皮

奶油	120g
糖粉	100g
全蛋	1/2個份
香草油	適量
低筋麵粉	200g

★過篩。

●杏仁鮮奶油

奶油	60g
糖粉	60g
全蛋	1個
蘭姆酒	5ml
香草油	適量
杏仁粉	60g
低筋麵粉	10g

★混合過篩。

●糖煮櫻桃（從成品中取80g、裝飾用8個使用）

酸櫻桃（以少量糖漿醃漬）	350g
白砂糖	120g

●奶酥

杏仁粉	30g
白砂糖	30g
低筋麵粉	30g
奶油	30g

●其他

糖粉	適量
開心果	適量
糖煮櫻桃	8個

●糖煮櫻桃

1　酸櫻桃瀝除水分放入鍋中，加入白砂糖以中火煮到釋出大量的煮汁，轉小火煮到水分收乾為止。

2　將80g的1切末。

●奶酥

3　在鋼盆中放入所有材料混合（圖**A**），在奶油中一面撒入粉類，一面用手捏碎奶油（圖**B**），讓整體變成鬆散狀（圖**C**）。

●沙布蕾塔皮

4　參照「洋梨塔」（第50頁）製作沙布蕾塔皮，成形後烘烤好。

●杏仁鮮奶油

5　參照「洋梨塔」（第50頁）製作杏仁鮮奶油。

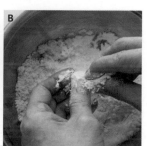

●組合後烘烤

6　在烤好已變涼的**4**的沙布蕾塔皮上，均勻鋪滿半量的**5**的杏仁鮮奶油。

7　用湯匙舀取**2**的糖煮櫻桃，在**6**上放置成圓圈狀（圖**D**），再均勻鋪滿剩餘的杏仁鮮奶油（圖**E**）。整體再撒上**3**的奶酥（圖**F**），放入加熱至180℃的烤箱中約烤40分鐘。

8　烤好後脫模，待塔變涼後輕輕撒上糖粉，再撒上粗切末的開心果，最後裝飾上酸櫻桃。

核桃塔

塔上放有口感酥脆、黏稠的核桃牛軋糖。
牛軋糖中還加入咖啡，不只有甜味。周圍撒上的糖粉給人華麗的印象。

材料（直徑18cm的中空圈模　1個份）

●沙布蕾塔皮

奶油	120g
糖粉	100g
全蛋	1/2個份
香草油	適量
低筋麵粉	200g

★過篩。

●杏仁鮮奶油

奶油	60g
糖粉	60g
全蛋	1個
蘭姆酒	5ml
香草油	適量
杏仁粉	60g
低筋麵粉	10g

★混合過篩。

●核桃牛軋糖

核桃	100g
奶油	30g
蜂蜜	20g
白砂糖	20g
鮮奶油	20ml
即溶咖啡（粉）	2小匙

●奶酥

杏仁粉	20g
三溫糖	30g
低筋麵粉	20g
奶油	30g

●其他

糖粉	適量

●核桃牛軋糖

1　在烤盤中鋪放核桃，放入加熱至170℃的烤箱中烤20～30分鐘烤香，用手剝碎備用。

2　在鍋裡放入奶油、蜂蜜、白砂糖和鮮奶油，以中火加熱，用木匙混合。

3　煮沸後氣泡慢慢湧現後熄火，加入即溶咖啡混合（圖A），再加入**1**的核桃混合（圖BC），倒入鋼盆中放涼。

●奶酥

4　在鋼盆中放入所有材料混合，在奶油中一面撒入粉類，一面用手捏碎奶油，讓整體變成鬆散狀。

●沙布蕾塔皮

5　參照「洋梨塔」（第50頁）製作沙布蕾塔皮，成形後烘烤好。

●杏仁鮮奶油

6　參照「洋梨塔」（第50頁）製作杏仁鮮奶油。

●組合後烘烤

7　在烤好已變涼的**5**的沙布蕾塔皮上，均勻鋪上**6**的杏仁鮮奶油。

8　用手指一面弄碎變涼的**3**的核桃牛軋糖，一面放在**7**的中央（圖D），周圍約留3cm寬不放牛軋糖，而放上奶酥（圖E），放入加熱至180℃的烤箱中約烤35分鐘。

9　烤好後脫模，待塔變涼後在周圍撒上糖粉（圖F）。

松露

這個甜點好似京都的特產甜點「松露」，在酥鬆的口感中，
我還費心讓人感受到柔和的甜味和怡人的喉韻。製作訣竅是趁餅乾還熱時就撒上糖粉。

材料（直徑3cm大　約120個份）

◎麵團

奶油	250g
糖粉	80g
香草油	適量

低筋麵粉	250g
杏仁粉	120g
鹽	1/2小匙

★混合過篩。

◎其他

糖粉　　　約200g

◎麵團

1 在鋼盆中放入已在室溫下回軟的奶油，用打蛋器充分攪拌，分數次加入糖粉，打發至膨軟為止（圖**A**）。

2 加入香草油混合。

3 將**2**換到大鋼盆中，已篩過的粉類再一面過篩，一面加入其中（圖**B**），用攪拌匙如切割般充分混拌，混拌成為均勻無粉末感的麵團為止。

4 在**3**的鋼盆上蓋上保鮮膜，放入冷藏庫鬆弛一下讓麵團容易處理。

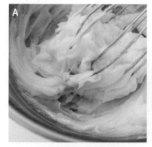

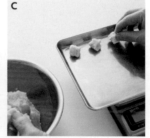

◎成形、烘烤

5 麵團容易處理後，分成小團每團各5g（圖**C**），用手掌揉圓（圖**D**），間隔排放在鋪了烤焙墊的烤盤上，放入加熱至180℃的烤箱中約烤20分鐘。

6 烤好後，趁熱放入裝有糖粉的鋼盤中滾動，讓它沾滿糖粉（圖**E**）。

京城石疊

它雖然是麵團冰凍後再分切的冰箱餅乾，不過製作要訣是切成極薄的2mm厚度。
薄脆酥鬆的口感，彷彿入口即化般。

材料（5×4cm大　約120個份）

◎麵團

奶油	125g
糖粉	125g
全蛋	1/2個份
黑芝麻粒	50g
┃低筋麵粉	250g
┃鹽	1/2小匙

★混合過篩。

◎麵團

1　在鋼盆中放入已在室溫下回軟的奶油，用打蛋器充分攪拌，分數次加入糖粉，打發至膨軟為止。

2　加入打散的全蛋混合（圖**A**）。

3　將**2**換到大鋼盆中，加入黑芝麻粒混合（圖**B**）。篩過的低筋麵粉和鹽再一面過篩，一面加入其中（圖**C**），用攪拌匙如切割般混拌至無粉末感為止。

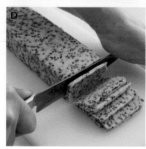

◎成形、烘烤

4　將保鮮膜攤開，每次少量分多次放上**3**的麵團包住，用手一面整形，一面塑成長方條狀（參照第102頁圖**EF**），放入冷凍庫冷凍變硬。

5　待**4**變硬後，拿掉保鮮膜，切成厚2mm的薄片狀（圖**D**），間隔排放在鋪了烤焙墊的烤盤上（圖**E**），放入加熱至180℃的烤箱中約烤18分鐘。

杏仁餅乾

為了讓餅乾中充滿配料，麵團裡加入大量的杏仁片。
即使是酥脆易碎裂的餅乾，藉由杏仁的作用也能烤得很結實。

材料（5×4cm大　約80個份）

◎麵團

奶油	120g
白砂糖	220g
全蛋	1個
蛋黃	1個份
杏仁片	180g
低筋麵粉	230g
肉桂粉	10g

★混合過篩。

◎麵團

1 在鋼盆中放入已在室溫下回軟的奶油，用打蛋器充分攪拌，分數次加入白砂糖徹底混合。

2 分2次加入已打散的蛋，每次加入都要充分混合（圖**AB**）。

3 將**2**換到大鋼盆中，一次加入所有杏仁片（圖**C**），用攪拌匙大致混合。已篩過的粉類再一面過篩，一面加入其中（圖**D**），混合至無粉末感為止。

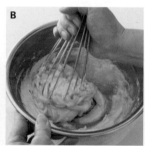

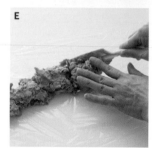
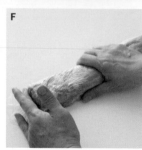

◎成形、烘烤

4 將保鮮膜攤開，每次少量分多次放上麵團包住，用手一面整形，一面塑成長方條狀（圖**EF**），放入冷凍庫冷凍變硬。

5 待**4**變硬後，拿掉保鮮膜，切成厚5mm的薄片狀，間隔排放在鋪了烤焙墊的烤盤上，放入加熱至180℃的烤箱中約烤20分鐘。

大理石餅乾

這是香草麵團組合巧克力麵團的餅乾。剛入口時兩者味道雖然不同，但是隨著咀嚼能清楚感受味道融為一體。各異其趣的紋理，光看就令人開心。

材料（5×4cm大　約130個份）

●香草麵團

奶油	150g
糖粉	150g
全蛋	1個
香草油	適量
低筋麵粉	300g
鹽	1/4小匙

★混合過篩。

●巧克力麵團

奶油	150g
糖粉	150g
全蛋	1個
香草油	適量
低筋麵粉	260g
可可粉	40g
鹽	1/4小匙

★混合過篩。

●其他

白砂糖	適量

●香草麵團

1　在鋼盆中放入已在室溫下回軟的奶油，用打蛋器充分攪拌，分數次加入糖粉，打發至膨軟為止。

2　分2次加入打散的全蛋，再加入香草油混合。

3　將 2 換到大鋼盆中，已篩過的低筋麵粉和鹽再一面過篩，一面加入其中，用攪拌匙如切割般大幅度混拌至無粉末感為止。

●巧克力麵團

4　在鋼盆中放入已在室溫下回軟的奶油，用打蛋器充分攪拌，分數次加入糖粉，打發至膨軟為止。

5　分2次加入打散的全蛋，再加入香草油混合。

6　將 5 換到大鋼盆中，已篩過的粉類再一面過篩，一面加入其中（圖**A**），用攪拌匙如切割般大幅度混拌至無粉末感為止。

●成形、烘烤

7　香草麵團和巧克力麵團一點一點混合製成大理石麵團（圖**B**）。兩種麵團各半量，每次少量分多次放到攤開的保鮮膜上，用手一面整形，一面塑成長方條狀（圖**CD**），放入冷凍庫冷凍變硬。

8　待 7 變硬後，拿掉保鮮膜，切成厚約5mm的片狀（圖**E**），單面沾上白砂糖後，該面朝上間隔排放在鋪了烤焙墊的烤盤上（圖**F**），放入加熱至180℃的烤箱中約烤20分鐘。

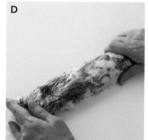
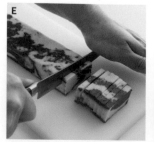

起司棒

這個餅乾絕妙混合了砂糖的甜味和起司的鹹味。為了增加風味，
在烘烤前才擠出的麵糊上，還用手捏黏上已混合的砂糖和起司。

材料（長8cm大　約60個份）

○麵糊

奶油	180g
糖粉	180g
全蛋	1個
蘭姆酒	10ml
艾登起司粉	50g
低筋麵粉	280g

★過篩。

○其他

艾登起司粉	30g
白砂糖	30g

○麵糊

1 在鋼盆中放入已在室溫下回軟的奶油，用打蛋器充分攪拌，分數次加入糖粉，打發至膨軟為止。

2 分2次加入打散的全蛋，再加入蘭姆酒混合（圖**A**）。

3 將**2**換到大鋼盆中，加入艾登起司粉用攪拌匙混拌（圖**BC**），已篩過的低筋麵粉再一面過篩，一面加入其中，如切割般大幅度混拌至無粉末感為止。

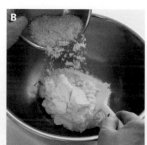

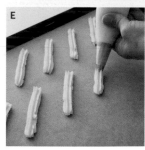
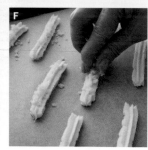

○成形、烘烤

4 在加裝直徑1cm的星形花嘴的擠花袋中裝入麵糊（圖**D**），每條約擠成7cm長，間隔擠在鋪了烤焙墊的烤盤上（圖**E**）。

5 混合艾登起司粉和砂糖，用指頭捏放在麵糊上（圖**F**），放入加熱至190℃的烤箱中約烤15分鐘。

胡桃餅（Galette Pecan）

「Pecan」是指美洲胡桃（Pecan nut）。這個餅美味到讓人每天都想吃一個！
作法是將粉類和奶油先攪拌變鬆散，再揉成團，以呈現酥鬆的口感。

材料（直徑8cm大　約12個份）

○麵團

奶油　　　　　200g

★切成1cm的丁狀，放入冷藏庫充分冰涼備用。

低筋麵粉	250g
杏仁粉	35g
白砂糖	150g
鹽	1小匙

★混合過篩。

蛋黃	1個份
鮮奶	10ml

胡桃　　　　　120g

○麵團

1　在烤盤中鋪放胡桃，放入加熱至180℃的烤箱中約烤20～30分鐘，使其散發香味。待涼後，切碎備用。

2　在高速攪拌機中放入已篩過的粉類和奶油細細攪碎（圖**A**）。

3　在鋼盆中放入**1**和**2**，用刮刀粗略混合一下（圖**B**），將中央弄凹，在凹洞中倒入蛋黃和鮮奶打成的蛋奶液（圖**C**）。

4　將粉類堆至中央，用刮刀一面壓切，一面混合（圖**D**）。混合到無粉末感，麵團變濕潤後，用手將麵團揉捏成團（圖**EF**），用保鮮膜包好，放入冷藏庫鬆弛1小時以上。

○成形、烘烤

5　在撒了防沾粉（分量外）的擀麵板上，放上**4**的麵團再次揉搓，用擀麵棍擀成厚1cm的圓片。用直徑8cm的中空圈模切割（圖**G**），連同中空圈模一起排放在鋪了烤焙墊的烤盤上（圖**H**）。

6　放入加熱至170℃的烤箱中約烤30分鐘，待涼後脫模。

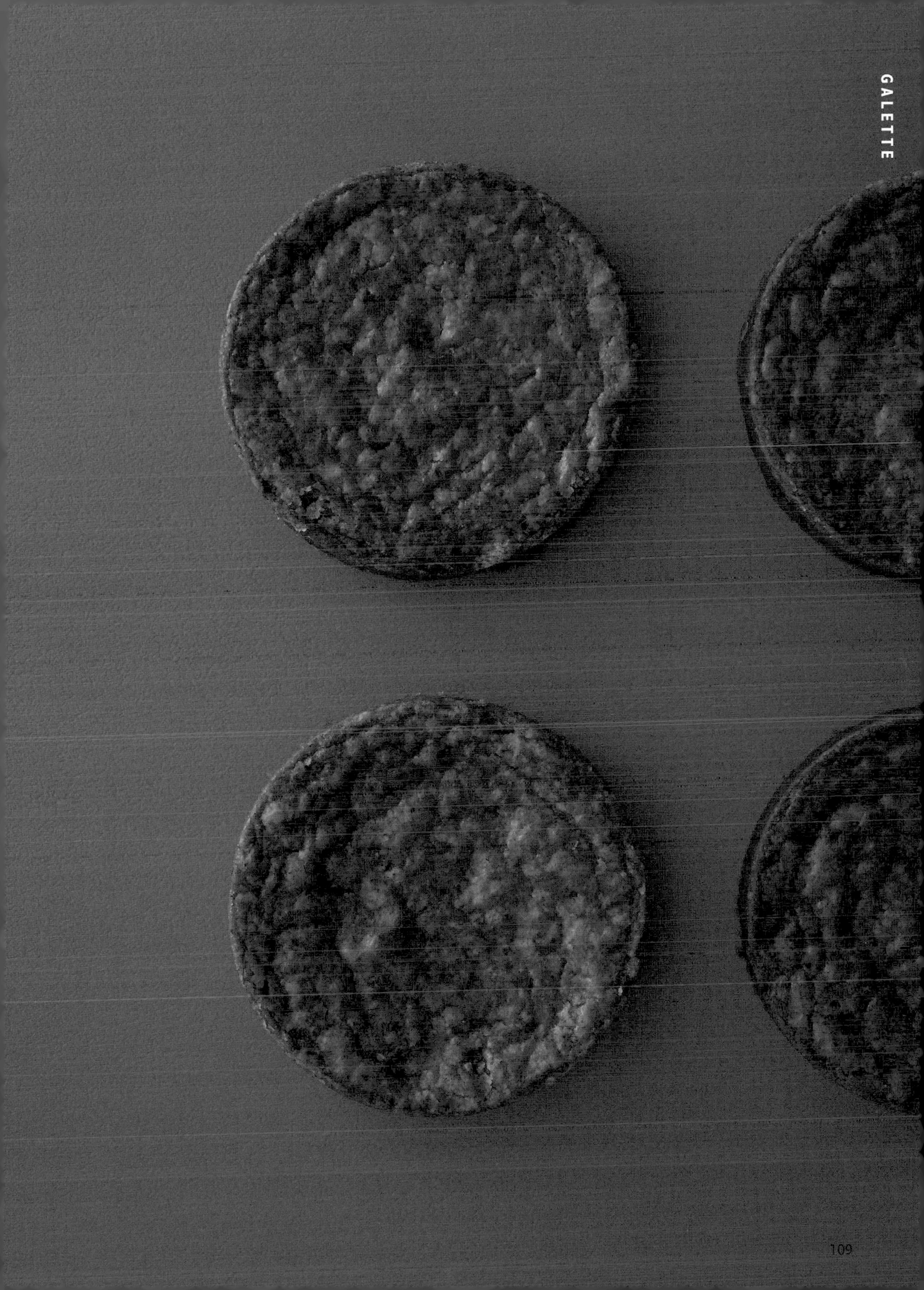

布列塔尼酥餅（Palet breton）

這是發酵奶油與芳香的烘烤類甜點組合，口感酥鬆的甜點。
酥餅具有某種厚度吃起來才美味，所以和小的中空圈模一起烘烤。

材料（直徑8cm大　約12個份）

◉麵團

發酵奶油	250g
糖粉	150g
蛋黃	3個份
香草油	適量
高筋麵粉	125g
低筋麵粉	125g
泡打粉	2小匙
鹽	1小匙

★混合過篩。

◉其他

蛋汁　　適量

◉麵團

1　在鋼盆中放入已在室溫下回軟的發酵奶油，充分攪拌後，分數次加入糖粉，用打蛋器攪拌混合。

2　分2次加入蛋黃（圖A），再加香草油混合（圖B）。

3　將2換到大鋼盆中，已篩過的粉類再一面過篩，一面加入其中（圖C），用攪拌匙如切割般混拌（圖D）。充分混拌到麵團無粉末感，變得均勻成為一團後，用保鮮膜包好放入冷藏庫鬆弛1小時以上（圖E）。

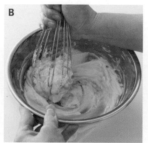

◉成形、烘烤

4　在撒了防沾粉（分量外）的擀麵板上，放上**3**的麵團再次揉搓，用擀麵棍擀成厚1cm的圓片。用直徑8cm的中空圈模切割（圖F），連同中空圈模一起排放在鋪了烤焙墊的烤盤上。

5　用毛刷在麵團表面塗上蛋汁（圖G），用竹籤畫上「の」字般的圖樣（圖H），放入加熱至160℃的烤箱中約烤50分鐘，待涼後脫模。

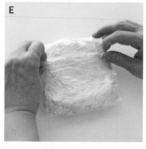

南特酥餅（Sablé nantais）

我仿照原產地法國南特地區的作法，使用杏仁和砂糖攪拌成的生杏仁膏製作。
酥餅製成直徑約12cm的大尺寸，還能享受用手剝食的樂趣，讓點心迷怦然心動。

材料（直徑12cm大　約10個份）

○麵團

奶油　230g
生杏仁膏（市售品）　150g
糖粉　80g
| 低筋麵粉　300g
| 鹽　1/2小匙

★混合過篩。

○其他

蛋汁　適量

○麵團

1　在鋼盆中放入已在室溫下回軟的奶油充分攪拌，一面用手撕碎已變軟的生杏仁膏，一面分數次加入其中（圖A），用打蛋器攪拌混合。

2　分數次加入糖粉（圖B）混合均勻為止（圖C）。

3　將2換到大鋼盆中，已篩過的低筋麵粉和鹽再一面過篩，一面加入其中（圖D），用攪拌匙如切割般混拌。充分混拌到麵團無粉末感，變得均勻成為一團後，用保鮮膜包好放入冷藏庫鬆弛1小時以上。

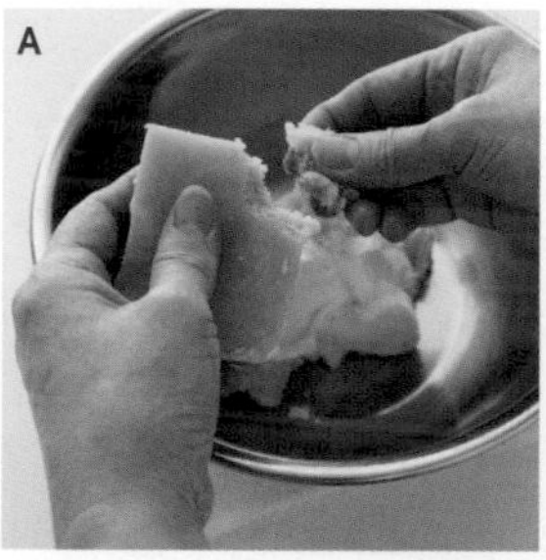
A

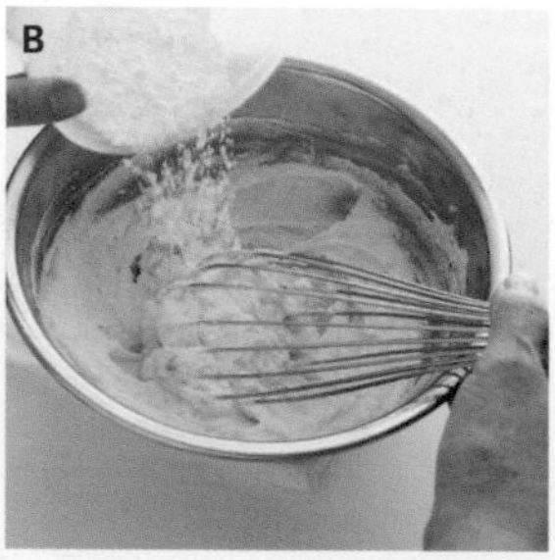
B

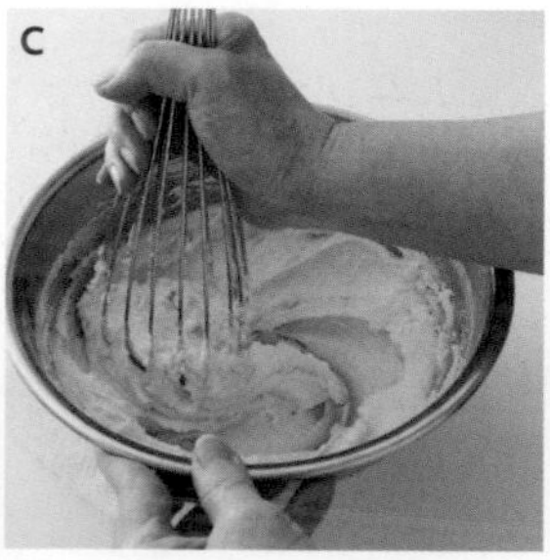
C

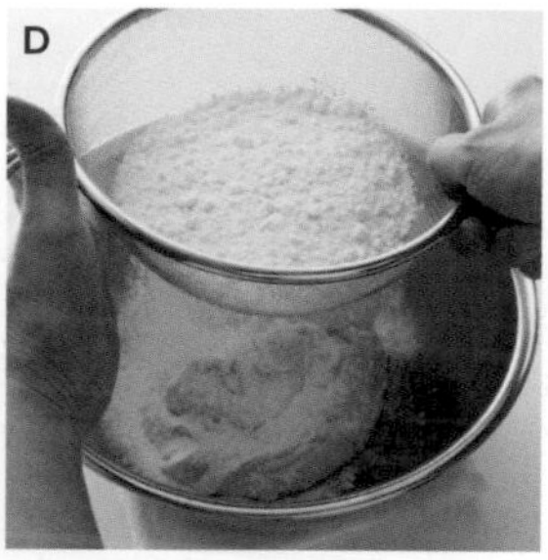
D

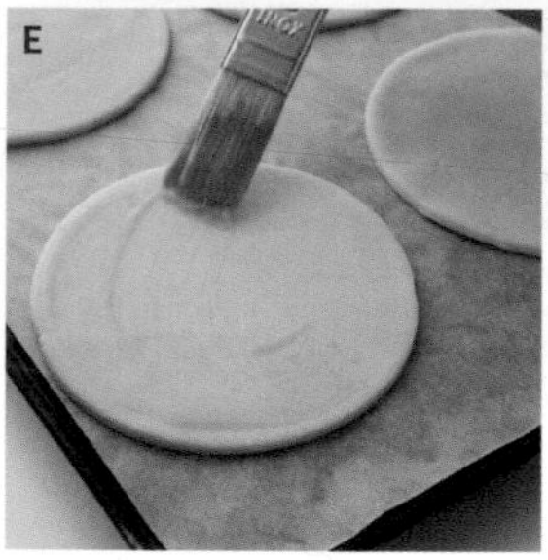
E

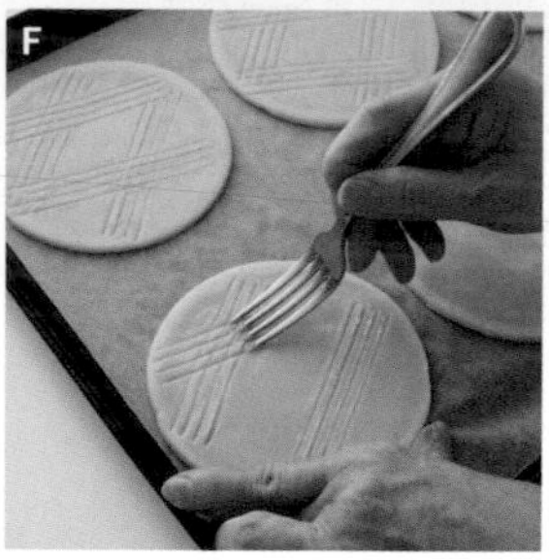
F

○成形、烘烤

4　在撒了防沾粉的擀麵板上，放上3的麵團再次揉搓，用擀麵棍擀成厚3mm的圓片。用直徑12cm的中空圈模切取，間隔排放在鋪了烤焙墊的烤盤上，放入冷藏庫鬆弛一下。

5　用毛刷在4的表面塗上蛋汁（圖E），用叉子在上面畫出交叉線條的圖案（圖F），放入加熱至170℃的烤箱中約烤20分鐘。

橙香酥餅

加入大量發酵奶油鬆脆的酥餅中，散發柳橙清爽的香味。
我喜愛用法國「Matfer」公司的橢圓模型來製作。

材料（7×5cm大　約20個份）

○麵團

發酵奶油	250g
糖粉	150g
蛋黃	3個份
柳橙醬（市售品）	20g

低筋麵粉	125g
高筋麵粉	125g
泡打粉	2小匙
鹽	1小匙

★混合過篩。

○其他

蛋汁　　適量

○麵團

1　在鋼盆中放入已在室溫下回軟的發酵奶油，充分攪拌後，分數次加入糖粉，用打蛋器充分混合。

2　分2次加入蛋黃，再加柳橙醬混合（圖**A**）。

3　將**2**換到大鋼盆中，已篩過的粉類再一面過篩，一面加入其中（圖**B**），用攪拌匙如切割般混拌，充分混拌至無粉末感，變得均勻成為一團。

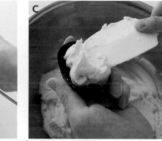
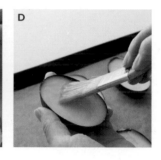

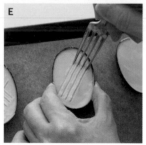

○成形、烘烤

4　用攪拌匙一次舀取少量**3**的麵團，慢慢裝入橢圓模型中，小心避免填入空氣約裝八分滿（圖**C**），刮平表面，排放在鋪了烤焙墊的烤盤上，放入冷藏庫鬆弛一下。

5　用毛刷在麵團表面塗上蛋汁（圖**D**），用叉子畫上交叉的條紋（圖**E**），放入加熱至160℃的烤箱中約烤60分鐘，待涼後脫模。

花形巧克力餅乾

這是以花朵模型製作裝飾的餅乾，作為伴手禮一定很討喜。若有能挖空中央的切模，使用任何形狀皆可。挖空切下的小麵團也可以烤好拿來裝填禮盒。

材料（直徑8cm大　約10個份）

○麵團

奶油	200g
糖粉	150g
全蛋	1個
香草油	適量

低筋麵粉	250g
杏仁粉	50g
可可粉	25g
鹽	1/2小匙

★混合過篩。

○鮮奶油

| 白巧克力 | 100g |
| 鮮奶油 | 50ml |

○麵團

1　參照「洋梨塔」（第50頁）製作麵團。

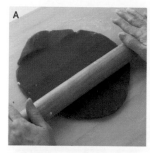
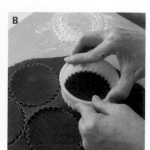

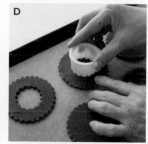

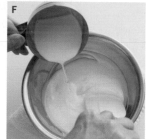

○成形、烘烤

2　在撒了防沾粉的擀麵板上，放上1的麵團再次揉搓，用擀麵棍擀成厚3mm的片狀（圖**A**）。用直徑8cm的菊形切模切取20片（圖**B**）。

3　排放在鋪了烤焙墊的烤盤上（圖**C**），其中的一半的中心用直徑4cm的菊形切模切割鏤空（圖**D**）。放入加熱至170℃的烤箱中約烤20分鐘，取出放涼。

○鮮奶油

4　在鋼盆中放入白巧克力隔水加熱融化（圖**E**），加入鮮奶油混合（圖**F**）。

○完成

5　趁4的鮮奶油還柔軟，塗在3的中央沒鏤空的餅乾中央（圖**G**），再疊上鏤空的那片夾住餡料（圖**H**）。

紅薯蛋糕

麵糊中混入白豆沙，能添加有別於紅薯的柔和甜味。
這個甜點除了能搭配紅茶、咖啡外，也適合搭配日本茶一起享用。

材料（直徑5×高4.5cm大　約20個份）

◎麵糊

紅薯	600g
白豆沙	300g
奶油	180g
白砂糖	75g
蛋黃	6個份
鹽	1小撮
蘭姆酒	30ml
香草精	適量
鮮奶油	100ml

◎其他

蛋汁	適量

◎麵糊

1　紅薯連皮直接用鋁箔紙包好，放入加熱至200℃的烤箱中約烤1小時，烤到用竹籤能刺穿的柔軟度即可。

2　待紅薯變涼後去皮，放入鋼盆中，用研磨杵仔細碾碎（圖A），加入白豆沙混合（圖B）。

3　在2中加入已變軟的奶油，用打蛋器充分混合，分數次加入白砂糖，打發至膨軟為止。

4　在3中分數次加入蛋黃（圖C），再依序加鹽、蘭姆酒、香草精和鮮奶油（圖D），每次加入都要充分混合。

◎成形、烘烤

5　在烤盤中排放上鋁杯模，杯裡鋪入蛋糕紙模。

6　在裝了直徑1cm圓形花嘴的擠花袋中裝入4的麵糊，再擠入5的杯裡（圖E），用毛刷塗上蛋汁（圖F）。放入加熱至190℃的烤箱中約烤30分鐘。烤好放涼後，脫模。

費南雪

這個費南雪配方接觸模型底部的蛋糕面會烤得焦脆。我覺得這個美味部分才是正面，
因此不論是在店裡展示，或是送人時，我都會將焦脆的部分朝上。

材料（7×5cm大　14個份）

○麵團

發酵奶油　　　150g

杏仁粉　　　75g
糖粉　　　150g
低筋麵粉　　　50g

★混合過篩。

蛋白　　　120g

○麵糊

1　用毛刷在費南雪模型中塗上大量奶油（分量外）（圖
A），放入冷藏庫冰涼備用。

2　已篩過的粉類再一面過篩，一面放入鋼盆中。

3　發酵奶油切成小丁放入鍋中，以中火加熱。最初猛烈
湧現的氣泡變得湧現得較緩慢，且奶油散發香味、變色後
（圖B）離火，用茶濾過濾到別的鋼盆中（圖C）。

4　將2的粉類中央弄凹，加入3的融化奶油（圖D），用打
蛋器混合（圖E）。

5　分2次加入蛋白（圖F），每次加入麵團都要混合均勻
（圖G）。

○成形、烘烤

6　將麵糊倒入費南雪模型中（圖H），放入冷藏庫鬆弛一
晚後，放入加熱至220℃的烤箱中約烤18分鐘。烤好後，
趁熱從模型中取出放涼。

黑芝麻杏仁脆片

在沙布蕾塔皮上，放上烤得黏稠、酥脆的牛軋糖餡料。
毫無空隙密實填滿的黑芝麻和杏仁，使脆片呈現豐富的風味。

材料（12×2.5cm大　約16個份）
　　（24×28cm的烤盤　1個份）

○沙布蕾塔皮

奶油	150g
糖粉	150g
全蛋	1個
香草油	適量
低筋麵粉	300g

★過篩。

○黑芝麻杏仁牛軋糖

奶油	30g
白砂糖	80g
蜂蜜	20g
水飴	30g
鮮奶油	100ml
黑芝麻粒	30g
杏仁片	70g

○沙布蕾塔皮

1　參照「洋梨塔」（第50頁）製作麵團。

○成形、烘烤

2　在撒了防沾粉的擀麵板上放上麵團再次揉搓，用擀麵棍擀成厚5mm，如烤盤般的大小。

3　用擀麵棍捲起2，放在鋪了烤焙墊的烤盤中鋪滿。用刮刀切掉突出的麵團，用叉子戳洞，放入加熱至180℃的烤箱中約烤20分鐘，取出放涼。

4　製作黑芝麻杏仁牛軋糖。在鍋裡放入奶油、白砂糖、蜂蜜、水飴和鮮奶油，以中火加熱，用木匙混合。

5　煮沸後細氣泡慢慢變大，變成深奶油色後熄火（圖A）。

6　一口氣加入黑芝麻和杏仁片迅速混合（圖B），倒入3中（圖C），用攪拌匙刮平表面（圖D）。

7　放入加熱至180℃的烤箱中約烤20分鐘，烤好後，用攪拌匙分開烤盤和牛軋糖。

8　牛軋糖涼了之後，蓋上烤焙墊，疊上相同的烤盤後上下翻面（圖E）。

9　拿掉黏在底部的烤焙墊（圖F），放上砧板，再次上下翻面，拿掉烤盤和烤焙墊（圖G），用波刃刀分切成12×2.5cm的大小（圖H）。

山椒蛋白餅

出身於京都的我，以手邊的素材山椒粉，加入充分打發的蛋白霜中烘烤成這個甜點，
口中發出碎裂聲的瞬間蛋白餅也同時消融，還散發出濃濃的山椒香味。

材料（直徑3cm大　約100個份）

○麵糊

蛋白	80g
白砂糖	50g
杏仁粉	25g
糖粉	100g
白胡椒	1/2小匙
山椒粉	1小匙

★混合過篩。

○麵糊

1　製作蛋白霜。在鋼盆中放入蛋白輕輕打散後開始打
發，打發到氣泡變得細白輕軟後，加入白砂糖1/3量，用打
蛋器充分混合使其溶解。

2　再從前方朝後充分攪打發泡。若蛋白變得膨軟，分3次
加入剩餘的白砂糖，每次加入都要充分打發，打發到大量
蛋白霜能沾附到打蛋器上，製成富光澤、綿密堅挺的蛋白
霜（圖**A**）。

3　已篩過的粉類再一面過篩，一面加入其中（圖**B**），為
避免攪破蛋白霜的氣泡，用橡皮刮刀如切割般混拌，（圖
C）。

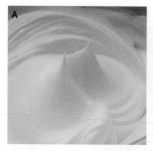   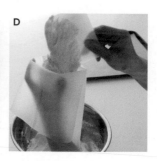

○成形、烘烤

4　將**3**的麵糊裝入加了直徑1cm圓形花嘴的擠花袋中（圖
D），在鋪了烤焙墊的烤盤上，間隔擠成直徑3cm大小（圖
E）。

5　放入加熱至150℃的烤箱中約烤20分鐘，將溫度降至
120℃再烤約1小時（圖**F**）。

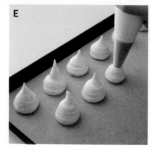 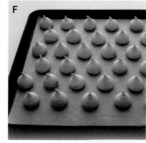

杏仁瓦片酥

這個杏仁瓦片酥製作得越薄，越能突顯杏仁的香味。
若有瓦片酥模型雖能塑出漂亮的弧形，不過蓋在擀麵棍上使其乾燥也行。

材料（直徑10cm大　約30個份）

◎麵團

奶油	30g
蛋白	100g
白砂糖	95g
低筋麵粉	20g

★過篩。

杏仁片	130g

◎麵團

1　奶油切小塊放入鍋中，用中火煮融，奶油散發香味、上色後離火，以茶濾過濾到鋼盆中。

2　在別的鋼盆中放入蛋白和白砂糖，以極小火加熱（圖A），用木匙一面不停混拌，一面煮融白砂糖（圖B）。

3　已篩過的低筋麵粉再一面過篩，一面加入其中（圖C），均勻混合麵糊至無結塊粉粒為止。

4　在3中一口氣加入杏仁片混合（圖D）。再加入1的融化奶油（圖E）充分混合。蓋上保鮮膜放入冷藏庫鬆也一晚！（圖F）。

 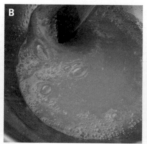  

◎成形、烘烤

5　鬆弛好的麵團充分混合（圖G），用叉子每次取適量，間隔放在鋪了烤焙墊的烤盤上。用叉子壓成直徑約10cm的圓形片（圖H），放入加熱至160℃的烤箱中約烤20分鐘。

6　烤好後立刻用抹刀挑起（圖I），填入瓦片酥模型中（圖J），也可以貼在擀麵棍上塑形。

用具

以下將介紹我在本書中使用的用具。除了製作甜點的基本用具鋼盆、打蛋器和烘烤模型等外，用具購買後為了能長久使用，請選擇好清理、堅固耐用的產品。

鋼盆
（直徑27、21、15cm）
鋼盆為不鏽鋼材質，至少需準備大、中、小3種尺寸。攪拌或打發奶油時，適合使用直徑21cm（若有18cm的，可依分量分別使用）的鋼盆。混合粉類時，換用直徑27cm的鋼盆較方便作業。本書中「換到大鋼盆中」的鋼盆，是指27cm的大小。製作融化奶油時，15cm大小的鋼盆較方便作業。

深型鋼盆
（直徑21×高13cm）
用手持式攪拌機製作蛋白霜時適用。製作戚風蛋糕的蛋白霜時也是使用這種鋼盆。

網篩
（直徑18cm）
這是不鏽鋼材質的網篩。是過濾麵粉等粉類時不可或缺的用具。請選擇堅固耐用的產品。

手持式攪拌機
製作蛋白霜或甘納許內餡等，需要迅速攪拌使材料變黏稠時，使用這種攪拌機很方便。建議選擇攪拌棒筆直，能變換旋轉速度的機型。

打蛋器
（長30×寬8cm）
不鏽鋼製。這種細鋼絲、根數多的打蛋器，是製作輕柔蛋白霜或使蛋黃乳化時不可或缺的工具。

打蛋器
（長30×寬8cm）
不鏽鋼製。攪拌混合讓混入中含有空氣、將奶油攪打成乳霜狀，或是加入全蛋混合時，這種粗鋼絲、富彈性，結構結實的打蛋器較方便使用。

打蛋器
（長30×寬9cm）
不鏽鋼製。打發全蛋和蛋白使其含有空氣時，使用這種細鋼絲、根數多、鋼絲彎曲弧度大的較便利。不論哪種打蛋器，都要採短握方式較方便作業。

橡皮刮刀
（長25cm）
混合剛打發的蛋和粉類時，或要刮乾淨鋼盆上的乳霜狀麵糊時，可使用材質柔軟無硬度的橡皮刮刀。

攪拌匙
（長23cm）
攪拌奶油、混合粉類、或是處理厚重乳霜狀麵糊時，適合使用一體成型、有硬度的硬材質攪拌匙。

刮刀
為了烤出厚度一致的蛋糕，可用刮刀刮平表面。製作多奶油的麵團時切割混拌，或將麵糊裝入擠花袋時都可使用。刮平倒入烤盤中的麵糊時，適合使用大刮刀。

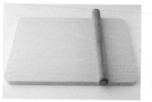

擀麵棍、擀麵板
擀麵棍是使用直徑4×長45cm的大小。這個大小剛好合我的手，很順手好用。擀麵板是使用容易均勻薄鋪防沾粉的木質製品，選擇麵團能充分擀開的大小。

烤盤
（30×35cm、26cm正方、24×28cm）
烤盤可和烤焙墊成套使用。選擇底部平坦的產品，配合烤箱的大小也很重要。烤盤是烘烤花神蛋糕捲、方塊蛋糕的必備用具。蛋糕捲使用30×35cm的烤盤；方塊蛋糕和塔使用26cm正方的烤盤；酥餅和餅乾等使用哪種烤盤都行。本書中，配合中空圈模的大小是使用24×28cm的烤盤。

烤焙紙
（矽油紙、烤焙墊、再生烤焙紙）
烤焙紙和烤盤組合使用。矽油紙是選擇矽氧樹脂（Silicone resin）加工的產品。依照烤盤的大小剪裁，必須加上烤盤豎起側邊份後再剪裁。也可以用來製作擠花袋。矽膠加工的烤焙墊，可以用水清洗重複使用，擁有一片就很方便實用。花神蛋糕捲的烤焙紙是使用再生紙。

戚風蛋糕模型

（直徑20cm）
本書使用直徑20cm大小的模型。
建議選用較輕的鋁質模型。

咕咕洛夫模型（蛋糕）

（直徑18cm）
熱源能從模型中央的筒狀孔滲
入，所以能烤出受熱均勻的蛋
糕。建議使用鐵氟龍加工的模
型，蛋糕較易脫模，也較容易清
理。

圓形模型

（直徑18cm）
也稱為海棉蛋糕模型。有的模型
底部可活動，本書的巧克力蛋糕
（第44頁）就是使用這種模型。

方形模型

（21cm正方）
不鏽鋼製的四方形模型。可放在
鋪了烤焙墊的烤盤上，烘烤方塊
蛋糕時使用。

中空圈模

（直徑18、12、8cm）
只有圓形框的模型。有各種尺
寸，可供不同甜點使用。圖中的
模型和舊有的塔模型不同，它和
無底的塔圈類似，但經過鐵氟龍
加工。烤好的蛋糕容易脫模，是
我為了製作直接填入鮮奶油烘烤
的塔（無緣的塔）而訂製的獨創
模型，製作本書的塔、酥餅等甜
點時都使用它。

切模（菊形）

邊緣呈波狀的的菊形切模，我是
使用直徑8cm和4cm大小的產品。
製作書中花形巧克力餅乾時，可
組合不同大小的菊形切模，享受
變化的樂趣。

橢圓形模型、費南雪模型

（7×5cm）
這是呈橢圓形的模型。柳橙餅乾
中使用。費南雪蛋糕也是使用相
同的模型。建議選用鋼模外表再
經過鐵氟龍加工的產生，容易脫
模，也能充分烘烤。

鋁杯模

（直徑5×高4.5cm）
蛋糕紙模
本書中製作紅薯蛋糕時使用。可
以和蛋糕紙模組合使用。

瓦片模型

能使甜點呈圓弧形。甜點烤好
後，趁柔軟填入模型中。若無此
模型，也可以放在擀麵棍上塑
形。

擠花袋、花嘴

擠花袋安裝花嘴後，可用來擠鮮
奶油，或在鋁杯模中擠麵糊等時
使用。選擇方便拿握，柔軟、耐
用的擠花袋。花嘴準備大小2種
（直徑1cm、7mm）的圓形花嘴
較方便。花神蛋糕捲是使用單側
鋸齒花嘴，起司棒是使用星形花
嘴。兩種花嘴都能擠製細緻、漂
亮的形狀。

抹刀

塗抹鮮奶油，或是刮平麵糊時使
用。L形的抹刀握把位置較高，方
便塗抹鮮奶油。餅乾等烤好後，
從烤盤取出時可使用下圖的平抹
刀。拿取大餅乾時也可使用。

毛刷

（寬2.5cm）
塗抹果凍膠、蛋汁或糖漿時使
用。刷毛略硬、富彈性的產品較
容易使用。在模型中塗抹奶油時
也能使用。

蛋糕涼架

（直徑24cm）
烤好的甜點待涼時使用。甜點可
排放在涼架上放涼。選擇比圓形
模型尺寸更大的涼架。

墊板

梧桐木製。請準備一片，以利花
神蛋糕進行捲包作業時使用。能
夠適時吸收出爐蛋糕的水分。

戚風蛋糕用刀

（長25cm・刃長14.5cm）
將蛋糕從模型中漂亮取出的必需
品。製作戚風蛋糕時最好準備一
把。

材料

製作甜點時，需具備蛋、砂糖、麵粉和奶油四種重要的材料。這四種材料組合配方不同，能製作出各式各樣美味的甜點。不論挑選任何材料首重新鮮。而且，儘快用完也很重要。

低筋麵粉

考慮麵粉有輕盈的口感，使用不易產生黏性的低筋麵粉。因為要和不同粒子的泡打粉和鹽等混合，所以要充分過濾後使用。

杏仁粉

杏仁粉放置太久，容易劣化，所以要冷藏保存，趁新鮮使用完畢。

泡打粉

蘇打粉
和低筋麵粉混合使用。

蛋

儘量選擇L大小（約65g），新鮮的蛋。製作奶油為基材的麵團時，要用的蛋，請在使用前30分鐘從冷藏庫中取出，放在室溫中回溫備用。相反地，製作蛋白霜時的蛋白，則要充分冰涼後使用。

生杏仁膏

杏仁粉和砂糖混合製成。放置太久的生杏仁膏會走味，需冷藏保存，儘量趁新鮮使用完畢。

奶油

使用無鹽（不加鹽分）、新鮮奶油。發酵奶油水分較少，能增加酥鬆口感。還能品味獨特的香味和和豐富的風味。

鮮奶

使用鮮度佳的產品。

白砂糖

白砂糖具有穩定氣泡，容易結合其他材料的作用。顆粒鬆散，融化後變得透明，其口感能使甜點呈現特別的風味。麵團表面撒上砂糖烘烤而成的大理石餅乾（第104頁），還能享受砂糖趣味的口感。

上白糖

容易在蛋白中融化，甜味中有厚味。以花神蛋糕捲為首，以及戚風蛋糕等中都有使用。

糖粉

比白砂糖還細，呈粉末狀的糖。在奶油中融化特別迅速，也容易和其他材料融合。要讓奶油含有充分的空氣時也能使用。

巧克力

大多切碎使用，使用錠狀產品可省下切碎的時間，較為方便。

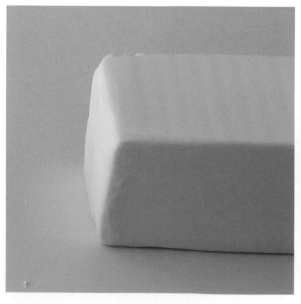

津田陽子的甜點教室

為了將對蛋、砂糖、麵粉和奶油等材料的觀點，
以及動作儘量簡潔俐落等的經驗傳承給下一代，
我和學生一起開辦了兩間甜點教室。

菓道教室

菓道教室的目標，在於讓學生體驗了解對素材不施壓的握拿用具方式和混合法，並掌握和親身體驗津田陽子個人的「心法」。希望學生不只學會「輕軟」、「濕潤」、「酥鬆」等甜點口感的作業流程，還能培養出將所學完整傳承給下一代的能力。橫向友善連結的人際關係也很好，然而某人用心傳承所知，就像母親對孩子、前輩對後輩如此自然的人際關係的連結，我希望能透過甜點來達成，這是我開辦教室最初的想法。雖說如此，但在這個教室裡並沒有領導者，也不管年紀、經歷。在菓道教室中，「先學會者」就成為老師。代理老師或已是老師者，成為我的學生後請自稱「菓道家」，要負責將花神蛋糕捲為首的Midi Après-midi甜點，傳承給身邊的下一代。先培育下一代，之後，下一代再培育下一代，我期盼最好以這樣自然的傳承方式推廣開來。

甜點教室

在15年前，我的甜點教室就已經廢除區分初、中、高級班的作法。許多學生對於學習都有過度緊張的傾向，但在甜點教室不必有那樣擔心。不管是菓道家，或對Midi Après-midi的甜點有製作經驗的人，還是完全的新手都能到教室學習，大家同為學生。所以，我們的教室不像以往的經營風格，所有的指導全靠一個人。當然教室裡也不分年紀、資歷。擁有同樣興趣愛做甜點的朋友聚集在一起，稍有經驗的人在輔導初學者的同時，初學者也一面在前輩身邊拼命學習，一面製作主題甜點。在到處自然發生「教」和與「學」行為的空間裡，如同四種基本素材好好結合一樣，人與人之間也產生了連結。

製作甜點的心法

6項菓道家的心得

甜點製作是如果學會技巧或反覆不斷製作，就能達到某種水準，
但是若想呈現「個人風格」，一定要更留意作業的動作和觀念。
能傳承給下一代的人，是好好學習心法的人。

1　左右手同時動作

讓素材和素材結合時，不要只用慣用的單手作業。
如同用另一隻手支援慣用手一樣，
保持兩手動作的平衡，讓雙手同時作業相當重要。

2　對素材不施加壓力

若對素材施加多餘的壓力，素材就不能好好的結合。
「輕軟」、「濕潤」、「酥鬆」的口感，是經過計算斟酌力道所產生。
雖說是徹底「卸掉肩部力道」，但相對地，
卻要像神經集中在指尖般專注才能順利作業。

3　略有遠見

甜點製作是科學變化的結果。
素材的狀態時時刻刻在變化，不可能讓它突然停上或恢復。
甜點製作時要有遠見，能事先預測到後面2、3個步驟。
現在該做的事自然會變得格外清楚。

4　保有觀察與被觀察的自覺

保有一面觀察周遭，一面自己也「被觀察」的自覺。
經常接近動作俐落、輕快製作甜點的人。

5　成為有辨別力的人

對事物不妄下判斷。切勿想當然耳不去仔細分辨。
若能以自己心中的尺度來衡量事物，
自然能和善待他人。

6　自發忠言，自耳傾聽

若他人沒有指出，自己不會發現犯了許多錯。
若在意他人之事，一旦發現缺失之處，
請不妨試著和他人說說看。
說的時候，也會產生自省的時間，
藉此應該也能注意到自己的優缺點。

後 記

我開店已經25年。
就像了解蛋、砂糖、麵粉和奶油這四種素材的性質一樣，
我發現，若了解事物的本質，
不但能烤出可口的甜點，人際關係也會變得平順。
我希望傳達這樣的想法，於是寫作著書、開設教室，
現在，我總被學生吐槽一直喋喋不休。

開店當時，日本正流行
法國風格的豪華花飾蛋糕，
當時不論去哪家店，我熱愛的烘培類甜點
都只會擺在展示櫃中的一隅。
儘管如此，每家店的烘培類甜點我都很注意，
對我來說，那些甜點散發出神聖莊嚴的魅力。
它們具體有可口誘人的烤色和香味，我超愛手拿著時的觸感，
所以若我自己販售的話，不會用小塑膠袋密封包裝。
我一面思索不應以耐保存為目標，
一面製作理想中的烘培類甜點，
這樣一路走來，完成了今天被接受的甜點。
在2015年25週年已過的今天
我說出希望傳遞的想法，以製作大全集的心情，
將Midi Après-midi的基本甜點集結成冊。

至今為止，Midi Après-midi販售的甜點，
各有不同的深刻歷史回憶，
它們的存在全因為有各位的支持。

藉著本書，我想向享用我的甜點的各位，
以及製作甜點的同仁，表達我的感謝。
真的非常謝謝大家對Midi Après-midi的喜愛。

在此，我想盡力傳達的想法是，
今後，我希望仍能和大家共同分享
甜點帶來的幸福感、探究心及領悟力，

PROFILE

津田陽子（Tsuda yoko）

出生於京都。1987年遠赴法國學習製作甜點。
現在，在京都開設「Midi Après - midi」甜點沙龍。店內以「花神」蛋糕捲為首，其他還有塔、餅乾、酥餅等各類烘焙類甜點都深受歡迎，吸引大批甜點迷前來。
在京都和東京都有開辦甜點教室。著作包括《捲捲蛋糕捲》、《酥脆餅乾》、《輕軟蛋糕捲》、《鬆軟戚風蛋糕》（皆文化出版局）、《塔 我的珍藏》（Little more）、《津田陽子的 100 個甜點》（柴田書店）、《因為，很美味！》（文藝春秋）等。

TITLE

京都菓道家の法式甜點筆記

STAFF

出版	瑞昇文化事業股份有限公司
作者	津田陽子
譯者	沙子芳
總編輯	郭湘齡
責任編輯	黃思婷
文字編輯	黃美玉　莊薇熙
美術編輯	朱哲宏
排版	二次方數位設計
製版	明宏彩色照相製版股份有限公司
印刷	皇甫彩藝印刷股份有限公司
法律顧問	經兆國際法律事務所　黃沛聲律師
戶名	瑞昇文化事業股份有限公司
劃撥帳號	19598343
地址	新北市中和區景平路464巷2弄1-4號
電話	(02)2945-3191
傳真	(02)2945-3190
網址	www.rising-books.com.tw
Mail	resing@ms34.hinet.net
本版日期	2017年5月
定價	360元

ORIGINAL JAPANESE EDITION STAFF

発行者	大沼 淳
ブックデザイン	若山嘉代子 L'espace
撮影	日置武晴
スタイリング	高橋みどり
校閲	山脇節子
文	横田典子
編集	成川加名予　浅井香織（文化出版局）

國家圖書館出版品預行編目資料

京都菓道家の法式甜點筆記 / 津田陽子作 ; 沙子芳譯.
-- 初版. -- 新北市 : 瑞昇文化, 2016.12
136　面 ; 19 X 25.7　公分
ISBN 978-986-401-136-0(平裝)

1.點心食譜

427.16　　　　　　　　　　　　　　105021092